Raum und Zeit
in der gegenwärtigen Physik

Zur Einführung in das Verständnis der Relativitäts- und Gravitationstheorie

Von

Moritz Schlick

Vierte
vermehrte und verbesserte Auflage

Berlin
Verlag von Julius Springer
1922

ISBN-13: 978-3-642-47284-8   e-ISBN-13: 978-3-642-47710-2
DOI: 10.1007/978-3-642-47710-2

Alle Rechte, insbesondere das der
Übersetzung in fremde Sprachen, vorbehalten.
Copyright 1922 by Julius Springer in Berlin

Vorwort zur vierten Auflage.

Die schnelle Erschöpfung der dritten deutschen Ausgabe dieses Büchleins zeigt, daß es trotz der Fülle der in letzter Zeit über die Relativitätstheorie erschienenen Schriften noch Daseinsberechtigung besitzt. Es kann die Berechtigung zur Weiterexistenz nur seiner Eigenart verdanken, durch die es sich von anderen Schriften über den gleichen Gegenstand abhebt, und so war ich bemüht, diese Eigenart für die vierte Auflage zu bewahren und zu verstärken. Die Darstellung legt nach wie vor das größte Gewicht auf eine faßliche, einleuchtende Herausarbeitung der Grundgedanken und führt den Leser von derjenigen Seite an die Hauptfragen heran, welche als die am leichtesten zugängliche erprobt schien. Zur Aufklärung solcher Punkte, die erfahrungsgemäß dem Verständnis Schwierigkeiten bereiten, ist die neue Auflage durch eine ganze Reihe von Einschiebungen erweitert worden. Auch sonst wurden einige Verbesserungen und Ergänzungen angebracht. Die Schrift verfolgt als wesentlichsten Zweck, die in ihr dargestellten naturwissenschaftlichen Lehren in ihrer Beziehung zur Erkenntnis überhaupt, d. h. in ihrer philosophischen Bedeutung zu schildern. Der größte Nachdruck ist deshalb auf die allgemeine Relativitätstheorie gelegt, die für Naturphilosophie und Weltbild von so besonderer Wichtigkeit ist. Das letzte, ausdrücklich philosophische, Kapitel hat einige Ergänzungen erfahren, aber ich habe der Versuchung widerstanden, eine ausführliche Darlegung der philosophischen Konsequenzen der Einsteinschen Lehren zu geben; sie wäre im Rahmen dieser Schrift weder nötig noch erwünscht gewesen.

Ich schließe wie früher mit dem Wunsche, die Schrift möge weiter daran mithelfen, daß die wundervolle Gedankenwelt der Relativitäts- und Gravitationstheorie im Geistesleben der Gegenwart die Rolle spiele, die ihr gebührt.

Kiel, Februar 1922.

Moritz Schlick.

Inhaltsverzeichnis.

                                                              Seite

I. Von Newton zu Einstein 1
II. Das spezielle Relativitätsprinzip 6
III. Die geometrische Relativität des Raumes 25
IV. Die mathematische Formulierung der räumlichen Relativität 33
V. Die Untrennbarkeit von Geometrie und Physik in der Erfahrung 37
VI. Die Relativität der Bewegungen und ihr Verhältnis zur Trägheit und Gravitation 43
VII. Das allgemeine Relativitätspostulat und die Maßbestimmungen des Raum-Zeit-Kontinuums . . . 53
VIII. Aufstellung und Bedeutung des Grundgesetzes der neuen Theorie 65
IX. Die Endlichkeit der Welt 79
X. Beziehungen zur Philosophie 89
Literatur 107

I. Von Newton zu Einstein.

In unsern Tagen ist die physikalische Erkenntnis zu einer solchen Allgemeinheit ihrer letzten Prinzipien und zu einer solchen wahrhaft philosophischen Höhe ihres Standpunktes hinaufgestiegen, daß sie an Kühnheit alle bisherigen Leistungen naturwissenschaftlichen Denkens weit hinter sich läßt. Die Physik hat Gipfel erreicht, zu denen sonst nur der Erkenntnistheoretiker emporschaute, ohne sie jedoch immer ganz frei von metaphysischer Bewölkung zu erblicken. Der Führer, der einen gangbaren Weg zu diesen Gipfeln zeigte, ist *Albert Einstein*. Er reinigte durch eine erstaunlich scharfsinnige Analyse die fundamentalsten Begriffe der Naturwissenschaft von Vorurteilen, die durch all die Jahrhunderte unbemerkt geblieben waren, begründete so ganz neue Anschauungen und schuf auf ihrem Boden eine physikalische Theorie, die der Prüfung durch die Beobachtung zugänglich ist. Die Verbindung der erkenntniskritischen Klärung der Begriffe mit der physikalischen Anwendung, durch die er seine Ideen sofort in empirisch prüfbarer Weise nutzbar machte, ist wohl das Bedeutsamste an seiner Leistung, und bliebe es selbst dann, wenn das Problem, das *Einstein* mit diesen Waffen angreifen konnte, auch nicht gerade das Gravitationsproblem gewesen wäre, jenes hartnäckige Rätsel der

Physik, dessen Lösung uns notwendig tiefe Einblicke in den Zusammenhang des Universums gewähren mußte.

Die fundamentalsten Begriffe der Naturwissenschaften aber sind Raum und Zeit. Die beispiellosen Erfolge der Forschung, durch die unsere Naturerkenntnis in den vergangenen Jahrzehnten bereichert wurde, ließen bis zum Jahre 1905 diese Grundbegriffe vollkommen unangetastet. Die Bemühungen der Physik richteten sich immer nur auf das Substrat, welches Raum und Zeit „erfüllt": was sie uns immer genauer kennen lehrten, war die Konstitution der Materie und die Gesetzmäßigkeit der Vorgänge im Vakuum, oder, wie man bis vor kurzem sagte, im „Äther". Raum und Zeit wurden gleichsam als Gefäße betrachtet, die jenes Substrat in sich enthielten und die festen Bezugssysteme abgaben, mit deren Hilfe die gegenseitigen Verhältnisse der Körper und Vorgänge zueinander bestimmt werden mußten; kurz, sie spielten tatsächlich die Rolle, die *Newton* in seinen bekannten Worten für sie festlegte: „Die absolute, wahre und mathematische Zeit verfließt an sich und vermöge ihrer Natur gleichförmig und ohne Beziehung auf irgend einen äußeren Gegenstand", „Der absolute Raum bleibt vermöge seiner Natur und ohne Beziehung auf einen äußeren Gegenstand stets gleich und unbeweglich."

Von der Seite der Erkenntnistheorie wandte man schon früh gegen *Newton* ein, daß es keinen Sinn habe, von Zeit und Raum „ohne Beziehung auf einen Gegenstand" zu reden; aber die Physik hatte vorerst keine Veranlassung, sich um diese Frage zu kümmern, sie suchte eben in der gewohnten Weise alle Beobachtungen dadurch zu erklären, daß sie ihre Vorstellungen von der Konstitution und den Gesetzmäßigkeiten der Materie und des „Äthers" immer weiter verfeinerte und modifizierte. Ein Beispiel für dies Verfahren ist die Hypothese von *Lorentz* und *Fitzgerald*, nach welcher alle Körper, die sich gegen den Äther bewegen, in der Bewegungsrichtung eine bestimmte von der Geschwindigkeit abhängige Verkürzung (*Lorentz*-Kontraktion) erfahren sollten. Diese Hypothese wurde aufgestellt um zu erklären, warum es nicht gelang, mit Hilfe des (sogleich zu besprechenden) Versuches von *Michelson* und *Morley* eine „absolute" geradlinig-gleichförmige Bewegung unserer Instrumente zu konstatieren, während das nach den damals herrschenden physikalischen Anschauungen sonst hätte möglich sein müssen. Die Hypothese konnte nach der ganzen Sachlage nicht dauernd befriedigen (wie alsbald geschildert werden soll), und damit war die Zeit gekommen, die erkenntnistheoretische Betrachtung der Bewegung auch in die Physik als grundlegend einzuführen. *Einstein* erkannte nämlich, daß es einen prinzipiell viel einfacheren Weg gibt, das negative Ergebnis des *Michelson*versuches zu erklären: Es bedarf dazu überhaupt keiner besonderen physikalischen Hypothese, sondern nur der Anerkennung des Prinzips der Relativität, nach welchem eine geradlinig-gleichförmige „absolute" Bewegung nie konstatiert werden kann, vielmehr der Bewegungsbegriff nur relativ zu einem materiellen Bezugskörper einen physikalischen Sinn hat; und außerdem bedarf es nur einer kritischen Besinnung über die Voraussetzungen, die unseren Raum- und Zeitmessungen bisher stillschweigend zugrunde gelegt wurden. Es befanden sich darunter unnötige, ungerechtfertigte über die absolute Bedeutung räumlicher und zeitlicher Begriffe wie „Länge", „Gleichzeitigkeit" usw. Läßt man sie fallen, so erhält man das Ergebnis des *Michelson*versuchs als etwas Selbstverständliches, und auf dem so gereinigten Grunde erhebt sich eine physikalische Theorie von wunderbarer Geschlossenheit, welche die Folgen jenes grundlegenden Prinzips entwickelt und als „spezielle Relativitätstheorie" bezeichnet wird, weil die Relativität der Bewegungen in ihr nur für den Spezialfall der geradlinigen und gleichförmigen Bewegung Geltung hat.

Durch das spezielle Relativitätsprinzip ist man zwar über die *Newton*schen Raum- und Zeitbegriffe schon ziemlich weit hinausgekommen (wie man aus der kurzen Darstellung des folgenden Abschnitts sehen wird), aber das erkenntnistheoretische Bedürfnis ist noch nicht befriedigt, denn es gilt ja nur für geradlinig-gleichförmige Bewegungen; vom philosophischen Gesichtspunkt jedoch möchte man *jede* Bewegung für relativ erklären, nicht bloß die besondere Klasse der gleichförmigen Translationen. Nach der speziellen Theorie hätten ungleichförmige Bewegungen nach wie vor absoluten Charakter; ihnen gegenüber könnte man nach wie vor nicht umhin, von Zeit und Raum „ohne Beziehung auf einen Gegenstand" zu reden.

Aber seit dem Jahre 1905, in dem *Einstein* das spezielle Relativitätsprinzip für die gesamte Physik aufstellte, ist er unablässig bemüht gewesen, es zu verallgemeinern, so daß es nicht nur für geradlinig-gleichförmige, sondern für ganz beliebige Bewegungen gültig bliebe. Diese Bemühungen sind im Jahre 1915 zu einem glücklichen Abschluß gebracht und von vollständigem Erfolg gekrönt worden. Sie führten zu einer denkbar weitestgehenden nicht mehr überbietbaren Relativierung aller Raum- und Zeitbestimmungen, die fortan in jeder Hinsicht unlösbar mit der Materie verknüpft sind und nur in Beziehung auf sie noch Sinn besitzen; sie führten ferner zu einer neuen Theorie der Gravitationserscheinungen, welche die Physik weit, weit über *Newton* hinausführt. Raum, Zeit und Gravitation spielen in der *Einstein*schen Physik eine von Grund auf andere Rolle als in der *Newton*schen.

Das sind Ergebnisse von so ungeheurer prinzipieller Bedeutung, daß kein irgendwie naturwissenschaftlich oder erkenntnistheoretisch Interessierter an ihnen vorbeigehen kann. Man muß sich weit in der Geschichte der Wissenschaften umsehen, um theoretische Errungenschaften von vergleichbarer Wichtigkeit zu finden. Man könnte etwa an die Leistung des *Kopernikus* denken; und wenn auch *Einsteins* Resultate wohl nicht eine so große Wirkung auf die Weltanschauung der Allgemeinheit haben können wie die kopernikanische Umwälzung, so ist dafür ihre Bedeutung für das rein theoretische Weltbild um so höher, denn die letzten Grundlagen unserer Naturerkenntnis erfahren durch *Einstein* eine viel tiefer gehende Umgestaltung als durch *Kopernikus*.

Es ist daher begreiflich und erfreulich, daß auf allen Seiten das Bedürfnis besteht, in die neue Gedankenwelt einzudringen. Viele aber werden durch die äußere Form der Theorie davon abgeschreckt, weil sie sich die höchst komplizierten mathematischen Hilfsmittel, die zum Verständnis der *Einstein*schen Arbeiten nötig sind, nicht erwerben mögen. Der Wunsch, auch ohne jene Hilfsmittel in die neuen Anschauungen eingeweiht zu werden, muß aber erfüllt werden, wenn die Theorie den ihr gebührenden Anteil bei der Ausgestaltung des modernen Weltbildes gewinnen soll. Und er ist wohl auch erfüllbar, denn die Grundgedanken der neuen Lehre sind ebenso einfach wie tief. Die Begriffe von Raum und Zeit sind ursprünglich nicht erst durch komplizierte wissenschaftliche Denktätigkeit erzeugt, sondern schon im täglichen Leben müssen wir unaufhörlich mit ihnen arbeiten. Von den vertrautesten, geläufigsten Anschauungen ausgehend kann man Schritt für Schritt alle willkürlichen und ungerechtfertigten Voraussetzungen aus ihnen entfernen und behält dann Raum und Zeit ganz rein in der Gestalt, mit der sie in der *Einstein*schen Physik allein noch fungieren. Auf diesem Wege soll nun hier versucht werden, die Grundideen besonders der neuen Raumlehre herauszuarbeiten. Man gelangt ganz von selbst zu ihnen, indem man die altgewohnte Raumvorstellung von allen Unklarheiten und unnötigen Denkzutaten befreit. Wir wollen uns einen Zugang zu der allgemeinen Relativitätstheorie bahnen, indem wir in kritischer Besinnung die Ideen über Raum und Zeit zur Klarheit zu bringen suchen, die das Fundament der neuen Lehre bilden und ihr Verständnis mit sich führen. Als Vorbereitung auf unsere Aufgabe sollen zunächst die Grundgedanken der speziellen Relativitätstheorie betrachtet werden.

II. Das spezielle Relativitätsprinzip.

Den besten Anknüpfungspunkt für eine Darstellung des Prinzips bildet sowohl historisch wie sachlich der Versuch von *Michelson* und *Morley*. Historisch, weil er den ersten Anlaß zur Aufstellung der Relativitätstheorie gegeben hat, und sachlich, weil bei den Erklärungsversuchen des *Michelson*-Experimentes der Gegensatz der alten und der neuen Denkweise mit der größten Deutlichkeit in Erscheinung tritt.

Die Sachlage war folgende. Die elektromagnetischen Wellen, in denen das Licht besteht und die sich im materiefreien Raum bekanntlich mit der Geschwindigkeit $c = 300\,000$ km/sec ausbreiten, wurden nach der alten Anschauung aufgefaßt als wellenförmig sich fortpflanzende Zustandsänderungen einer Substanz, die alle leeren Räume, auch diejenigen zwischen den kleinsten Teilchen materieller Körper, lückenlos erfüllt und „Äther" genannt wurde. Danach würde sich das Licht relativ zum Äther mit der Geschwindigkeit c fortpflanzen, d. h. man würde den Wert $300\,000$ km/sec erhalten, wenn die Geschwindigkeit in einem Koordinatensystem gemessen wird, das im Äther festliegt. Würde man dagegen die Lichtgeschwindigkeit von einem Körper aus messen, der sich relativ zum Träger der Lichtwellen etwa mit der Geschwindigkeit q in der Richtung der Lichtstrahlen bewegt, so müßte man für die Geschwindigkeit der letzteren den Wert $c-q$ beobachten, denn die Lichtwellen eilen langsamer am Beobachter vorüber, weil er vor ihnen flieht. Bewegte er sich aber dem Lichte mit der Geschwindigkeit q entgegen, so würde die Messung ihm den Wert $c+q$ ergeben.

Nun befinden wir uns aber, so schloß man weiter, auf unserer Erde gerade in dem Fall des gegen den Äther bewegten Beobachters, denn von der wohlbekannten Erscheinung der Aberration des Lichtes konnte man sich auf keine andere Weise Rechenschaft geben, als daß man annahm, der Äther beteilige sich nicht an den Bewegungen der Körper in ihm, sondern verharre in ungestörter Ruhe. Unser Planet also mit unsern Instrumenten und allem, was sonst noch auf ihm ist, fliege durch den Äther hindurch, ohne ihn im geringsten mitzureißen; er streicht durch alle Körper fort, unendlich viel leichter als die Luft zwischen den Tragflächen eines Flugzeugs. — Da der Äther in der ganzen Welt nirgends an der Bewegung teilnehmen soll, so spielt ein in ihm festliegendes Koordinatensystem physikalisch die Rolle eines „absolut ruhenden"; man dürfte in der Physik sinnvoll von einer „absoluten Bewegung" reden. Das wäre zwar keine absolute Bewegung im strengen philosophischen Sinne, denn es wäre eben eine Bewegung relativ zum Äther darunter verstanden, und man könnte dem Äther mitsamt dem in ihm eingebetteten Kosmos noch eine beliebige Bewegung oder Ruhe im „Raume" zuschreiben — aber diese Möglichkeit ist gänzlich bedeutungslos, weil man es nicht mehr mit erfahrbaren Größen zu tun hätte. Wenn es einen Äther gibt, so muß das in ihm ruhende Bezugssystem vor allen andern ausgezeichnet sein, und der Nachweis der physikalischen Realität des Äthers müßte und könnte nur darin bestehen, daß man dieses ausgezeichnete Bezugssystem auffindet, also z. B. zeigt, daß nur in bezug auf *dies* System die Ausbreitungsgeschwindigkeit des Lichtes nach allen Richtungen dieselbe ist, in bezug auf andere Körper aber nicht. — Ein mit der Erde bewegtes System könnte nach dem Gesagten nicht das ausgezeichnete, absolut ruhende sein, denn die Erde legt in ihrer Bahn um die Sonne etwa 30 km pro Sekunde zurück — mit dieser Geschwindigkeit bewegen sich also unsere Instrumente relativ zum Äther (wenn man absieht von der Eigengeschwindigkeit des ganzen Sonnensystems, die sich zu jener addieren würde). Diese Geschwindigkeit — sie kann in erster Näherung als geradlinig-gleichförmig angesehen werden — ist zwar klein gegen c, aber mit Hilfe feiner Versuchsanordnungen würde es möglich sein, eine Änderung der Lichtgeschwindigkeit um jenen Betrag bequem zu messen. Eine solche Versuchsanordnung wurde nun in dem *Michelson*schen Experiment benutzt. Es wurde so sorgfältig angestellt, daß selbst der hundertste Teil des zu erwartenden Betrages sich der Beobachtung nicht hätte entziehen können — wenn er vorhanden gewesen wäre.

Es war aber davon keine Spur vorhanden!

Die Versuchsanordnung war dabei im Prinzip so, daß ein Lichtstrahl zwischen zwei fest verbunden einander gegenüberstehenden Spiegeln hin und her reflektiert wurde, während sich die Verbindungslinie der Spiegel einmal in der Richtung der Erdbewegung, ein andres Mal senkrecht dazu befand. Eine elementare Rechnung ergibt, daß die Zeit, die das Licht zum Hin- und Hergang zwischen den Spiegeln gebraucht, im zweiten Falle das $\sqrt{1-q^2/c^2}$ fache von dem Werte im ersten Falle betragen müßte, wenn q die Geschwindigkeit der Erde gegen den Äther bedeutet. Interferenzbeobachtungen zeigten aber mit der größten Genauigkeit, daß die Zeit in Wahrheit in beiden Fällen ganz die *gleiche* ist.

Das Experiment lehrt also, daß das Licht sich auch in bezug auf die Erde nach allen Seiten mit der gleichen Geschwindigkeit fortpflanzt, daß also eine absolute Bewegung, eine Bewegung gegen den Äther, auf diesem Wege nicht nachweisbar ist. Und das gleiche gilt auch von anderen Wegen, denn außer dem *Michelson*schen Versuch haben auch andere Experimente (z. B. das von

Trouton und *Noble* über das Verhalten eines geladenen Kondensators) zu dem Resultat geführt, daß eine „absolute" Bewegung (wir reden jetzt immer nur von geradlinig-gleichförmiger) auf keine Weise konstatiert werden kann.

Diese Wahrheit erschien neu, sofern optische oder andere elektromagnetische Experimente in Betracht kamen. Daß der Nachweis einer absoluten geradliniggleichförmigen Bewegung auf dem Wege *mechanischer* Versuche nicht zu führen ist, war dagegen seit langem bekannt und in der *Newton*schen Mechanik aufs deutlichste ausgesprochen. Wirklich ist es eine ganz geläufige Erfahrungstatsache, daß alle mechanischen Vorgänge sich in einem geradlinig-gleichförmig bewegten System (z. B. in einem fahrenden Schiff oder Eisenbahnwagen) ganz genau so abspielen wie in einem ruhenden System. Wenn die unvermeidlichen Stöße und Schwankungen nicht wären (die eben *ungleichförmige* Bewegungen sind), so vermöchte ein im fahrenden Luftschiff oder Eisenbahnwagen eingeschlossener Beobachter auf keine Weise festzustellen, daß sein Vehikel nicht ruht.

Zu diesem alten Satz der Mechanik kam nun also der neue hinzu, daß auch elektrodynamische Versuche (wozu auch die optischen gehören) dem Beobachter keine Entscheidung darüber gestatten, ob er mit seinen Apparaten sich in Ruhe oder in geradlinig-gleichförmiger Bewegung befindet.

Mit anderen Worten: die Erfahrung lehrt, daß in der gesamten Physik der folgende Satz gilt: „Alle Naturgesetze, in bezug auf ein bestimmtes Koordinatensystem formuliert, bleiben in vollständig derselben Form in Geltung, wenn man sie auf ein andres Koordinatensystem bezieht, das sich relativ zum ersten geradlinig-gleichförmig bewegt". Dieser Erfahrungssatz heißt das „spezielle" Relativitätsprinzip, weil er nur die Relativität von gleichförmigen Translationen, also von einer ganz speziellen Klasse von Bewegungen behauptet. Alle Naturvorgänge in irgend einem System spielen sich in genau der gleichen Weise ab, ob das System nun „ruht" oder sich geradlinig-gleichförmig bewegt. Es besteht eben kein absoluter Unterschied zwischen beiden Zuständen — ich kann ebenso gut den zweiten als den der Ruhe auffassen.

Die Erfahrungstatsache der Gültigkeit des speziellen Relativitätsprinzips widerspricht nun ganz und gar den oben über den Naturvorgang der Lichtausbreitung angestellten Überlegungen, denen die Äthertheorie zugrunde lag. Denn nach ihnen hätte ja ein Bezugssystem (das im „Äther" ruhende) ausgezeichnet sein müssen, und der Wert der Lichtgeschwindigkeit hätte von der Bewegung des vom Beobachter benutzten Bezugssystems abhängig sein müssen. Man stand vor der schwierigen Aufgabe, diesen fundamentalen Widerspruch aufzuklären und zu beseitigen — und hier schieden sich die Wege der alten und der neuen Physik.

Eine erste Möglichkeit, das Versuchsergebnis zu erklären, wäre die Annahme, daß das Licht sich überhaupt nicht nach den Gesetzen der Wellenausbreitung in einem Medium fortpflanzt, sondern vielmehr so, als ob es aus Teilchen bestände, die von der Lichtquelle ausgeschleudert werden. Damit wäre man auf die alte „Emissionstheorie" des Lichtes (Newton) zurückgekommen. Der Schweizer Physiker *Ritz* hat versucht, diese Hypothese in der Optik durchzuführen. Nach ihr würde offenbar die Geschwindigkeit eines Lichtstrahles von der Bewegung der Strahlungsquelle abhängen, die ihn aussendet: nur in *dem* System, in welchem die Lichtquelle ruht, würde sich das Licht nach allen Seiten mit gleicher Geschwindigkeit c ausbreiten (wodurch der *Michelson*versuch erklärt wäre); ein Beobachter dagegen, dem sich die Lichtquelle etwa mit der Geschwindigkeit v entgegenbewegte, müßte als Geschwindigkeit des Lichtstrahls den Wert $c + v$ messen. — Es gelang nicht, diese *Ritz*sche Theorie mit den bekannten Tatsachen der Optik zu vereinigen, und sie wurde endgültig widerlegt, als *de Sitter* aus Beobachtungen an Doppelsternen (von denen sich manche mit großer Geschwindigkeit abwechselnd auf die Erde zu und von ihr fort bewegen) beweisen konnte, daß die Fortpflanzungsgeschwindigkeit eines Lichtstrahls in der Tat völlig unabhängig ist von der Bewegung der Strahlungsquelle. Jeder Beobachter findet also ganz unabhängig von seinem eigenen Bewegungszustand und demjenigen der Lichtquelle stets denselben Wert c für die Schnelligkeit der Lichtausbreitung: es gilt in der Natur das „Prinzip der Invarianz der Lichtgeschwindigkeit".

Eine zweite Möglichkeit der Erklärung des *Michelson*versuches bestände in der Annahme, daß die Invarianz der Lichtgeschwindigkeit bei diesem Versuch nur scheinbar sei, daß sie uns vorgetäuscht werde durch ein besonderes Verhalten der Körper, aus denen die Versuchsanordnung aufgebaut ist. Auf diesem Wege, also wiederum durch eine neue physikalische Hypothese, wurde die Lösung der Schwierigkeit versucht durch *H. A. Lorentz* und *Fitzgerald*: sie nahmen an, daß alle Körper, die sich gegen den Äther bewegen, in der Bewegungsrichtung eine Verkürzung auf das $\sqrt{1-q^2/c^2}$-fache ihrer Länge erleiden. Hierdurch würde der negative Ausfall des *Michelson*versuches in der Tat vollkommen erklärt, denn wenn die Strecke zwischen den dabei verwendeten beiden Spiegeln sich von selbst verkürzt, sobald sie in die Richtung der Erdbewegung fällt, so gebraucht das Licht zu ihrer Durchmessung auch weniger Zeit, und zwar gerade um den oben angegebenen Betrag, um welchen sie sonst hätte länger sein sollen als bei der Orientierung senkrecht zur Erdbewegung. Der Effekt der absoluten Bewegung würde also durch den Effekt dieser „*Lorentz*kontraktion" gerade aufgehoben. — Durch ähnliche Hypothesen wäre es nun auch möglich, von dem *Trouton-Noble*schen Kondensatorversuch und von andern Erfahrungstatsachen Rechenschaft zu geben.

Man sieht: nach der geschilderten Ansicht gibt es wirklich eine absolute Bewegung im physikalischen Sinne (nämlich gegen einen substantiellen Äther); da sie aber auf keine Weise beobachtet werden kann, so ersinnt man besondere Hypothesen, um zu erklären, warum sie sich stets der Feststellung entzieht. Mit andern Worten: nach dieser Anschauung gilt das Relativitätsprinzip in Wahrheit *nicht*, und der Physiker muß durch Hypothesen erklären, warum dennoch alle Naturvorgänge tatsächlich so verlaufen, *als ob* es gälte. In Wirklichkeit soll es einen Äther geben, aber in den Naturvorgängen tritt ein solcher ausgezeichneter Bezugskörper nirgends in die Erscheinung.

Demgegenüber sagt seit *Einstein* die moderne Physik: Da in der Erfahrung das spezielle Relativitätsprinzip und das Prinzip der Invarianz der Lichtgeschwindigkeit tatsächlich gelten, so sind sie auch als *wirkliche* Naturgesetze aufzufassen; da ferner der Äther als Substanz, als Bezugskörper allen Nachforschungen sich hartnäckig entzieht, und alle Naturvorgänge sich so abspielen, als wenn er nicht vorhanden wäre, so mangelt hier dem Worte Äther die physikalische Bedeutung, er ist also als ein „Stoff" im überlieferten Sinne tatsächlich nicht vorhanden. Ist das Relativitätsprinzip und die Nichtexistenz des Äthers mit unsern früheren Überlegungen über die Lichtausbreitung nicht in Einklang zu bringen, so sind jene Überlegungen eben zu revidieren. Es war *Einsteins* große Entdeckung, daß eine solche Revision möglich war, daß nämlich jenen Überlegungen ungeprüfte Voraussetzungen über Raum- und Zeitmessung zugrunde lagen, die wir nur fallen zu lassen brauchen, um den Widerspruch zwischen dem Relativitätsprinzip und dem Prinzip der Invarianz der Lichtgeschwindigkeit zu heben.

Wenn nämlich ein Vorgang sich in bezug auf ein Koordinatensystem K in irgend einer Richtung mit der Geschwindigkeit c ausbreitet, und wenn ein zweites System K' sich relativ zu K in derselben Richtung mit der Geschwindigkeit q bewegt, so ist die Fortpflanzungsgeschwindigkeit des Vorgangs von K' aus betrachtet natürlich nur dann gleich $c-q$, wenn man voraussetzt, daß Strecken und Zeiten in beiden Systemen mit denselben Maßen gemessen werden. Diese Voraussetzung war bis dahin stets stillschweigend zugrundegelegt worden. *Einstein* zeigte, daß sie keineswegs selbstverständlich ist, daß man vielmehr mit demselben Rechte (ja, wie der Erfolg zeigt, mit noch größerem Rechte) den Wert der Fortpflanzungsgeschwindigkeit in beiden Systemen gleich c setzen kann, und daß dann die Länge von Strecken und von Zeiten in verschiedenen zueinander bewegten Bezugssystemen verschiedene Werte erhält. Die Länge eines Stabes, die Dauer eines Vorgangs sind nicht aufzufassen als absolute Größen, wie man vor *Einstein* in der Physik stets voraussetzte, sondern als abhängig vom Bewegungszustande des Koordinatensystems, in dem sie gemessen werden. Die Methoden, die uns zur Messung von Strecken und Zeiten zur Verfügung stehen, liefern eben in zueinander bewegten Systemen verschiedene Werte. Das wollen wir uns jetzt klar machen.

Zum „Messen", d. h. zum quantitativen Vergleichen von Längen und Zeiten bedürfen wir der Maßstäbe und Uhren. Als Maßstäbe dienen uns „starre" Körper, von denen wir annehmen, daß ihre Größe von ihrem Orte unabhängig ist; unter einer Uhr brauchen wir nicht notwendig ein mechanisches Instrument der bekannten Art zu verstehen, sondern mit dem Worte soll jedes physische Gebilde bezeichnet werden, das genau den gleichen Vorgang periodisch wiederholt; z. B. Lichtschwingungen würden als Uhr dienen können (dies war beim *Michelson*-Versuch der Fall).

Es bietet keine prinzipielle Schwierigkeit, den Zeitpunkt oder die Dauer eines Ereignisses zu bestimmen, wenn uns am Orte des Ereignisses selbst eine Uhr zur Verfügung steht; wir brauchen ja nur in dem Augenblick, in welchem der zu beobachtende Vorgang beginnt, und in dem Augenblick, in welchem er aufhört, die Uhr abzulesen. Dabei setzen wir nur voraus, daß der Begriff der „Gleichzeitigkeit zweier am gleichen Ort stattfindenden Ereignisse" (nämlich Zeigerstand der Uhr und Beginn jenes Vorganges) einen völlig bestimmten

Inhalt habe. Diese Voraussetzung dürfen wir machen, obwohl wir den Begriff nicht definieren, seinen Inhalt nicht näher angeben können; er gehört zu jenen letzten Daten, die uns durch das Erleben im Bewußtsein unmittelbar bekannt werden.

Anders liegt die Sache, wenn es sich um zwei Ereignisse handelt, die an *verschiedenen* Orten stattfinden. Um sie zeitlich vergleichen zu können, müssen wir an beiden Orten je eine Uhr aufstellen und beide Uhren miteinander in Einklang bringen, nämlich so regulieren, daß beide synchron laufen, d. h. zur „gleichen Zeit" gleiche Zeigerstellung aufweisen. Diese Regulation, welche der Festlegung des Begriffs der Gleichzeitigkeit für verschiedene Orte gleichkommt, erfordert ein besonderes Verfahren. Wir werden folgendes Verfahren einschlagen müssen: Von der einen Uhr — sie befinde sich im Orte A — senden wir ein Lichtsignal zur zweiten — im Orte B — und lassen es von dort wieder nach A zurückreflektieren. Vom Moment des Aussendens bis zum Moment des Wiedereintreffens sei die Uhr A um 2 Sekunden weitergelaufen — so lange hat also das Licht zum doppelten Durcheilen der Strecke AB gebraucht. Da nun (nach unserm Postulat) das Licht sich in jeder Richtung mit der gleichen Geschwindigkeit c fortpflanzt, so bedarf es für den Hinweg der gleichen Zeit wie für den Rückweg, für jeden also 1 Sekunde. Geben wir jetzt punkt 12 Uhr ein Lichtsignal in A, nachdem wir vorher mit einem in B befindlichen Beobachter verabredet haben, daß er die dort befindliche Uhr beim Eintreffen des Signals auf 12 Uhr 1 Sekunde zu stellen habe, so werden wir die Aufgabe der Herstellung des Synchronismus beider Uhren mit Recht als gelöst betrachten.

Sind noch mehr Uhren vorhanden, und bringe ich sie alle auf die beschriebene Weise mit A in Übereinstimmung, so stimmen sie auch untereinander überein, wenn sie nach derselben Methode verglichen werden. Die Erfahrung lehrt, daß diese Widerspruchslosigkeit der Zeitangaben nur bei Benutzung von Signalen vorhanden ist, deren Ausbreitung nicht an die Materie gebunden ist, sondern auch im Vakuum stattfindet; bei Benutzung von Schallsignalen in der Luft würde sich z. B. eine Abhängigkeit von der Windrichtung ergeben. Da nun jeder Vorgang (elektromagnetische Strahlung) im Vakuum sich mit der Lichtgeschwindigkeit c fortpflanzt, so ist diese Größe in der Natur ausgezeichnet.

Bisher nahmen wir an, daß die Uhren relativ zueinander und zu einem festen Bezugskörper K (etwa der Erde) in Ruhe sind, jetzt denken wir uns einen gegen K mit der Geschwindigkeit q in der Richtung von A nach B bewegten Bezugskörper K' (etwa einen rasend schnell fahrenden Eisenbahnzug). Die Uhren in K' sollen untereinander auf ganz dieselbe Weise reguliert werden, die eben für K beschrieben wurde. K' kann mit demselben Rechte als ruhend betrachtet werden wie K. Was stellt sich nun heraus, wenn Beobachter auf K und K' miteinander in Verbindung treten? Eine in K' ruhende Uhr A' befinde sich in demjenigen Augenblick in unmittelbarer Nähe der in K ruhenden Uhr A, in welchem beide Uhren A und A' gerade 12 zeigen; eine zweite in K' ruhende Uhr B' befinde sich am Orte von B, während die dort in K ruhende Uhr gleichfalls 12 zeigt. Ein Beobachter auf K wird dann sagen, daß „gleichzeitig" (nämlich punkt 12 Uhr) A' mit A und B' mit B zusammenfallen. In dem Moment, in dem die zusammenfallenden Uhren A

und A' beide auf 12 wiesen, flamme dort ein Lichtsignal auf. Bei seinem Eintreffen in B zeigt die dort aufgestellte Uhr auf 1 Sekunde nach 12; die Uhr B' hat sich aber inzwischen, weil sie auf dem bewegten Körper K' angebracht ist, um die Strecke q von B entfernt und wird sich noch ein Stückchen weiter entfernen, bevor sie von dem Lichtsignal erreicht wird. Für einen auf K ruhenden Beobachter braucht also das Licht, um von A' nach B' zu kommen, *länger* als 1 Sekunde. Nun wird es in B' reflektiert und langt jetzt in *weniger* als 1 Sekunde in A' an, da ja A' für einen Beobachter in K dem Lichte entgegenläuft. Dieser Beobachter wird also urteilen, daß das Licht zum Durchlaufen der Strecke von A' nach B' längere Zeit beansprucht als von B' nach A', da im ersten Falle B' vor dem Lichtstrahl flieht, im zweiten A' ihm entgegeneilt. — Anders urteilt ein Beobachter in K'. Für ihn, der relativ zu A' und B' ruht, sind die Zeiten, die das Signal gebraucht, um einmal von A' nach B' und dann von B' nach A' zu gelangen, genau gleich, denn in bezug auf sein System K pflanzt sich ja das Licht nach beiden Richtungen mit der gleichen Geschwindigkeit c fort (nach unserm auf Grund des *Michelson*versuches aufgestellten Postulat).

Wir erhalten also das Resultat, daß zwei Vorgänge, die im System K' *gleiche* Dauer besitzen, von K aus gemessen *verschiedene* Zeiten in Anspruch nehmen. Beide Systeme benutzen also ein verschiedenes Zeitmaß, der Begriff der Zeitdauer ist relativiert, er ist abhängig vom Bezugssystem, in welchem gemessen wird. — Dasselbe gilt, wie hieraus unmittelbar folgt, vom Begriff der Gleichzeitigkeit: zwei Ereignisse, die von einem System aus betrachtet, gleichzeitig stattfinden, geschehen für einen Beobachter in einem andern System zu verschiedenen Zeiten. In unserm Beispiel zeigen beim örtlichen Zusammenfallen von A und A' die beiden Uhren dort dieselbe Zeit wie die Uhr in B beim Zusammenfallen von B und B'; die zu K' gehörige Uhr B' hat aber an diesem Orte eine *andere* (nämlich *frühere*) Zeigerstellung; jene beiden Koinzidenzen sind also nur im System K gleichzeitig; nicht aber im System K'.

Alles dies ist, wie man sieht, eine notwendige Folge der Uhrenregulierung, die auf Grund des Prinzips der Invarianz der Lichtgeschwindigkeit vorgenommen wurde und ohne Willkür gar nicht auf andere Weise vorgenommen werden konnte.

Auch für die in die Bewegungsrichtung fallenden Längen der Körper erhält man verschiedene Werte, wenn sie von verschiedenen Systemen aus gemessen werden. Das ist leicht auf folgende Weise einzusehen. Wenn ich, in einem System K ruhend, etwa die Länge eines gegen K bewegten Stabes AB messen will, so muß ich das entweder so machen, daß ich die Zeit feststelle, die der Stab gebraucht, um an einem festen Punkte in K vorüber zu gleiten und diese Zeit mit der Geschwindigkeit des Stabes relativ zu K multipliziere: bei der Durchführung ergibt sich die Stablänge wegen der Relativität der Zeitdauer als von der Geschwindigkeit abhängig. Oder ich kann so verfahren, daß ich in einem bestimmten Moment diejenigen Punkte P und Q in K markiere, an welchen sich die beiden Enden A und B des Stabes in jenem Moment befinden, und dann die Strecke PQ messe. Da aber nun Gleichzeitigkeit ein relativer Begriff ist, so wird, wenn ich die Sache von einem mit dem Stabe bewegten System aus betrachte, das Zusammenfallen von

A mit P nicht gleichzeitig sein mit dem Zusammenfallen von B mit Q, sondern zur Zeit des Zusammentreffens von A mit P wird sich für mich der Punkt B an einem von Q etwas verschiedenen Orte Q' befinden, und die Strecke PQ' wird als die wahre Stablänge betrachtet werden. Die Rechnung ergibt, daß die Länge eines Stabes, die in einem mit ihm ruhenden Bezugssystem den Wert a hat, in einem mit der Geschwindigkeit q zu ihm bewegten System den Wert $a \sqrt{1-q^2/c^2}$ erhält. Dies ist aber gerade die *Lorentz*-Kontraktion. Sie erscheint jetzt nicht mehr als Wirkung des physikalischen Einflusses einer „absoluten Bewegung", wie bei *Lorentz* und *Fitzgerald*, sondern einfach als Folge unserer Methoden der Längen- und Zeitmessung.

Die vom Anfänger oft aufgeworfene Frage, welches denn eigentlich die „wirkliche" Länge eines Stabes sei, ob er sich „wirklich" verkürze, wenn er in Bewegung gesetzt wird, oder ob die Längenänderung nur scheinbar sei — diese Frage stellt eine falsche Alternative. Die verschiedenen Längen, die in gleichförmig zueinander bewegten Systemen gemessen werden, kommen alle dem Stabe in gleicher Weise „wirklich" zu, denn alle jene Systeme sind gleichberechtigt. Darin liegt kein Widerspruch, weil eben „Länge" ein relativer Begriff ist. Man könnte zwar diejenige Länge des Stabes, die in dem *mit ihm ruhenden* System gemessen ist, dadurch bevorzugen, daß man sie als „wirkliche" *bezeichnet*, aber es ist klar, daß dies nur eine willkürliche Festsetzung wäre.

Auch die Begriffe „langsamer" und „schneller" (nicht nur die Begriffe „langsam" und „schnell") sind nach der neuen Theorie relativ. Denn wenn ein Beobachter in K

die Angabe einer in K' ruhenden Uhr immer mit derjenigen in K ruhenden vergleicht, an welcher jene gerade vorüberfährt, so findet er, daß die bewegte Uhr dort hinter seinen eigenen immer mehr zurückbleibt: er wird also den Gang der Uhr in K' für langsamer erklären. Genau ebenso geht es aber einem Betrachter in K', wenn er seine Uhren mit einer an ihnen vorübereilenden in K ruhenden vergleicht: er wird behaupten, die Uhren seines eigenen Systems seien die schneller gehenden; und das mit demselben Rechte, mit dem der andere die entgegengesetzte Behauptung aufstellte. Wenn dagegen ein Beobachter die Zeigerstellung einer bei ihm ruhenden Uhr mit den nacheinander vorüberlaufenden Uhren eines zu ihm bewegten Systems vergleicht, so findet er, daß jede folgende von ihnen etwas mehr vorgeht als die vorige; dies ist aber kein Widerspruch gegen den langsameren Gang der bewegten Uhren, sondern erklärt sich dadurch, daß sie für ihn eben nicht synchron sind, sondern tatsächlich gegeneinander vorgehen.

Alle diese Zusammenhänge lassen sich am leichtesten durch mathematische Formulierung verfolgen und in ihrer Widerspruchslosigkeit überschauen. Dazu bedarf es nur der Aufstellung der Gleichungen, mit Hilfe deren Ort und Zeit eines Ereignisses, bezogen auf das eine System, sich ausdrücken lassen durch die analogen Größen bezogen auf das andere System. Sind x_1, x_2, x_3 die Raumkoordinaten eines Ereignisses im System K, das dort zur Zeit t stattfindet, und x_1', x_2', x_3', t' die entsprechenden Größen in bezug auf K', so gestatten also jene Transformationsgleichungen (sie werden als „Lorentztransformation" bezeichnet), die Größen x_1',

x_2', x_3', t' zu berechnen, wenn x_1, x_2, x_3, t gegeben sind, und umgekehrt.

Da in den Gleichungen der oben schon einmal erwähnte Ausdruck $\sqrt{1-q^2/c^2}$ auftritt, so verlören sie ihren physikalischen Sinn, wenn die Geschwindigkeit q größer als c wäre, denn jener Ausdruck würde in diesem Falle imaginär. Ist also die Relativitätstheorie richtig, so können in der Natur größere Geschwindigkeiten als die des Lichtes überhaupt nicht vorkommen. Sie sind in der Tat auch nie beobachtet worden. Schon oben (S. 17) wurde erwähnt, daß die Größe c in der Natur ausgezeichnet ist; sie spielt die Rolle einer unüberschreitbaren Grenzgeschwindigkeit.

Das sind in kurzen Zügen die Besonderheiten der Kinematik der speziellen Relativitätstheorie. (Für das Nähere siehe die am Schluß dieser Schrift zitierte Literatur.) Ihre große physikalische Bedeutung beruht freilich auf der Elektrodynamik und Mechanik, die dieser Kinematik entsprechen. Es ist aber für unsere Zwecke nicht nötig, hierauf näher einzugehen; nur ein höchst bemerkenswertes Resultat möge angeführt werden.

Während nämlich in der bisherigen Physik der Satz von der Erhaltung der Energie und der Satz von der Erhaltung der Masse als zwei unabhängige Naturgesetze nebeneinander standen, stellt sich durch die Relativitätstheorie heraus, daß der zweite Satz mit dem ersten nicht mehr streng vereinbar ist und daher nicht mehr aufrecht erhalten werden kann. Die Theorie lehrt nämlich folgendes. Führt man einem Körper die Energie E zu (in einem mit ihm ruhenden System gemessen), so verhält er sich so, als ob seine Masse um den Betrag $\dfrac{E}{c^2}$ vergrößert wäre; es existiert also nicht für jeden Körper ein konstanter Faktor m, welchem die Bedeutung einer von der Geschwindigkeit unabhängigen Masse zufiele. Ist aber die Größe $\dfrac{E}{c^2}$ als Zuwachs der Masse aufzufassen, besitzt also die Energie Trägheit, so liegt es nahe, nicht bloß die Vergrößerung der Masse auf eine Energievermehrung zurückzuführen, sondern die träge Masse m selbst anzusehen als beruhend auf einem Energieinhalt $E = mc^2$ des Körpers (und zwar einem ganz gewaltigen Energiegehalt, denn wegen des enormen Betrages der Lichtgeschwindigkeit c hat mc^2 einen ungeheuer großen Wert), eine Annahme, die mit den neueren Forschungen über den ungeheuren Energiereichtum des Innern der Atome aufs beste zusammentrifft. Statt der beiden Erhaltungssätze der Masse und der Energie kennt die Physik jetzt also nur noch den zweiten; der erste, der früher als ein besonderes Grundgesetz der Naturwissenschaft galt, ist auf das Energieprinzip zurückgeführt und zugleich als nur angenähert gültig erkannt. Diese angenäherte Gültigkeit ergibt sich daraus, daß alle experimentell möglichen Energievermehrungen im Vergleich zu der gewaltigen inneren Energie mc^2 im allgemeinen zu vernachlässigen sind, so daß Änderungen der Masse nicht merklich in Erscheinung treten. Bewegt sich ein Körper mit der Geschwindigkeit q, so ist seine Gesamtenergie $E = \dfrac{mc^2}{\sqrt{1 - q^2/c^2}}$. Für $q = c$ würde diese Größe unendlich werden, und man erkennt jetzt, warum eine höhere Geschwindigkeit als c physikalisch unmöglich ist: es würde nämlich einer unendlich großen Energie bedürfen, um einem Körper diese Geschwindigkeit zu erteilen.

Uns aber interessiert hier vor allem: die Relativitätstheorie räumt mit den überkommenen Begriffen von Raum und Zeit gründlich genug auf und verbannt den „Äther" als Substanz aus der Physik. Wir sahen vorhin, daß die Existenz eines solchen Äthers den physikalischen Sinn hätte, daß ein bestimmtes Bezugssystem (das im Äther ruhende) vor allen andern ausgezeichnet sein müßte, das heißt, die Naturgesetze müßten in bezug auf dieses System eine besondere Form annehmen. Da es ein solches ausgezeichnetes System nach der Theorie nicht gibt, da vielmehr alle zueinander in gleichförmiger Translation befindlichen Systeme gleich berechtigt sind, so ist der Glaube an einen substantiellen Äther mit dem Relativitätsprinzip unvereinbar. Man darf die Lichtwellen nicht mehr als Zustandsänderung einer *Substanz* auffassen, in der sie sich mit der Geschwindigkeit c ausbreiten, denn dann müßte diese Substanz in allen berechtigten Systemen zugleich ruhen, und das wäre natürlich ein Widerspruch. Das elektromagnetische Feld ist vielmehr als etwas Selbständiges anzusehen, das keines „Trägers" bedarf. Da Worte frei sind, läßt sich nichts dagegen einwenden, wenn man das Wort Äther auch ferner für das Vakuum mit seinem elektromagnetischen Felde oder seinen unten zu besprechenden metrischen Eigenschaften anwendet, aber man muß sich streng davor hüten, darunter einen *Stoff* im alten Sinne zu verstehen.

So sehen wir, daß neben den Begriffen von Raum und Zeit auch derjenige der *Substanz* bereits durch die spezielle Relativitätstheorie eine kritische Reinigung erfährt.

Aber erst durch die *allgemeine* Theorie wird die Reinigung der Begriffe vollendet. So groß auch der Umsturz schien, der durch die spezielle Theorie schon herbeigeführt wurde: die Forderung, daß *alle* Bewegungen ohne Ausnahme relativen Charakter tragen sollen, daß also in die Naturgesetze allein die *gegenseitigen* Bewegungen der Körper eingehen dürfen, führt zu so kühnen Folgerungen, schafft ein so neuartiges, wundersames Weltbild, daß im Vergleich damit die von der speziellen Relativitätstheorie uns zugemuteten Begriffsneubildungen zahm und halb erscheinen.

Um uns einen bequemen Zugang zu dem gewaltigen Gedankenbau der allgemeinen Relativitätstheorie zu verschaffen, wollen wir von neuem ausholen und bei ganz elementaren Überlegungen und einfachen Fragestellungen anfangen.

III. Die geometrische Relativität des Raumes.

Die fundamentalste Frage, die man über Zeit und Raum stellen kann, lautet, zunächst in ganz populärer, vorläufiger Formulierung: Sind Raum und Zeit eigentlich etwas *Wirkliches*?

Bereits im Altertum herrschte unter den Philosophen ein unfruchtbarer Streit darüber, ob der leere Raum, das κενόν, etwas Wirkliches oder einfach mit dem Nichts identisch sei. Aber auch heutzutage wird nicht jeder, mag er Naturforscher, Philosoph oder Laie sein, ohne weiteres eine bejahende oder verneinende Antwort auf jene Hauptfrage erteilen wollen. Niemand zwar betrachtet wohl Raum und Zeit als etwas Reales in ganz demselben Sinne wie etwa den Stuhl, auf dem ich sitze, oder die Luft, die ich atme; ich kann mit dem Raume nicht verfahren wie mit körperlichen Gegenständen oder mit der Energie, die ich von einem Platz zum andern transportieren, handgreiflich verwenden, kaufen und verkaufen kann. Jeder fühlt, daß da irgendein Unterschied besteht: Raum und Zeit sind in irgendeinem Sinne weniger *selbständig* als die in ihnen existierenden Dinge, und Philosophen haben diese Unselbständigkeit oft hervorgehoben, indem sie sagten, beides existiere nicht für sich, man könnte vom Raum nicht reden, wenn keine Körper da wären, und der Begriff der Zeit würde gleichermaßen sinnlos, wenn keine Vorgänge, keine Veränderungen in der Welt existierten. Aber doch sind Raum und Zeit auch für das populäre Bewußtsein keineswegs einfach *nichts;* gibt es doch große Zweige der Technik, die allein ihrer Überwindung dienen sollen.

Natürlich hängt die Entscheidung der Frage davon ab, was man unter „Wirklichkeit" verstehen will. Mag nun auch dieser Begriff so im allgemeinen sehr schwer oder gar nicht zu definieren sein, so ist doch der Physiker in der glücklichen Lage, daß er sich darüber mit einer Bestimmung begnügen kann, die ihm die Abgrenzung seines Reiches mit voller Sicherheit gestattet. „Was man messen kann, das existiert auch." Diesen Satz *Plancks* darf der Physiker als allgemeines Kriterium benutzen und sagen: nur was meßbar ist, besitzt sicher Realität oder, um es vorsichtiger zu formulieren: physikalische Gegenständlichkeit.

Sind nun Raum und Zeit meßbar? Die Antwort scheint auf der Hand zu liegen. Was wäre überhaupt meßbar, wenn nicht Raum und Zeit? Wozu sonst dienen denn unsere Maßstäbe und Uhren? Gibt es nicht sogar eine besondere Wissenschaft, die es mit gar nichts anderem zu tun hat als mit der Raummessung ohne Rücksicht auf irgendwelche Körper, nämlich die metrische Geometrie?

Aber gemach! Der Kundige weiß, daß Streit herrscht über die Natur der geometrischen Objekte — und selbst wenn dies nicht der Fall wäre, haben wir doch neuerdings gelernt, gerade in den Grundbegriffen der Wissenschaften nach verborgenen, ungeprüften Voraussetzungen zu fahnden, und so werden wir nachforschen müssen, ob nicht auch die gewohnte Auffassung der Geometrie als Lehre von den Eigenschaften des Raumes durch gewisse unrechtmäßige Vorstellungen beeinflußt ist, von denen sie gereinigt werden muß. In der Tat hat schon seit längerer Zeit die erkenntnistheoretische Kritik die Notwendigkeit einer solchen Reinigung behauptet und an ihr gearbeitet. Dabei hat sie bereits Gedanken über die Relativität aller räumlichen Verhältnisse entwickelt, als deren konsequente Ausgestaltung und Anwendung wir die Raum-Zeit-Auffassung der Einsteinschen Theorie ansehen können. Von jenen Gedanken führt zu ihr ein kontinuierlicher Weg, auf dem der Sinn der Frage nach der „Wirklichkeit" des Raumes und der Zeit immer deutlicher wird, und den wir hier als Zugang zu den neuen Ideen benutzen wollen.

Wir beginnen mit einer einfachen Überlegung, die wohl fast jeder, der über solche Dinge nachdenkt, schon als Gedankenexperiment angestellt hat, die wir auch

z. B. bei *Helmholtz*, aber besonders schön bei *H. Poincaré* beschrieben finden[1]). Denken wir uns, sämtliche Körper der Welt wüchsen über Nacht ins Riesenhafte, ihre Dimensionen vergrößerten sich um das Hundertfache ihres ursprünglichen Betrages: mein Zimmer, heute noch 6 m lang, hätte morgen früh eine Länge von 600 m, ich selbst wäre ein Goliath von 180 m und würde mit einem 15 m langen Federhalter meterhohe Buchstaben aufs Papier werfen, und in analoger Weise sollen sich alle Größen des Universums geändert haben, so daß die neue Welt, wenn auch hundertfach vergrößert, doch der alten geometrisch ähnlich ist. — Wie würde mir, fragt *Poincaré*, nach einer so erstaunlichen Änderung am Morgen zumute sein? und er antwortet: ich würde davon nicht das geringste merken. Denn da nach der Voraussetzung alle Gegenstände an der hundertfachen Ausdehnung teilgenommen haben, mein eigener Körper, alle Maßstäbe und Instrumente, so würde jedes Mittel fehlen, die gedachte Veränderung festzustellen; ich würde also die Länge meines Zimmers nach wie vor als 6 m bezeichnen, denn mein Meterstab würde sich in ihm sechsmal abtragen lassen, usw. Ja — und dies ist das Wichtigste —, jene ganze Umwälzung *existiert* überhaupt nur für die, welche fälschlich so argumentieren, als wenn der Raum absolut wäre. „In Wahrheit müßte man sagen,

---

[1]) Leider habe ich erst nach Erscheinen der zweiten Auflage dieser Schrift das höchst scharfsinnige und faszinierende Buch kennen gelernt: „Das Chaos in kosmischer Auslese", ein erkenntniskritischer Versuch von *Paul Mongré*, Leipzig 1898. Das fünfte Kapitel dieses Werkes gibt eine sehr vollkommene Darstellung der oben im Text folgenden Erörterungen. Nicht nur die Gedanken *Poincarés*, sondern auch einige der oben hinzugefügten Ergänzungen sind dort bereits vorweggenommen.

daß, da der Raum relativ ist, überhaupt gar keine Änderung stattgefunden hat, und daß wir eben deshalb auch nichts bemerken konnten." Also: das hundertfach vergrößert gedachte Universum ist von dem ursprünglichen nicht bloß ununterscheidbar, sondern es ist einfach *dasselbe* Universum, es hat keinen Sinn, von einem Unterschiede zu reden, weil die absolute Größe eines Körpers nichts „Wirkliches" ist.

Diese Erörterungen *Poincarés* bedürfen freilich, um zwingend zu sein, noch einer Ergänzung. Die Fiktion einer durchgehenden Größenänderung der Welt oder eines Teiles derselben entbehrt nämlich von vornherein jedes angebbaren Sinnes, solange nicht zugleich etwas darüber vorausgesetzt ist, wie sich denn die physikalischen Konstanten bei dieser Deformation verhalten sollen. Denn die Naturkörper haben ja nicht bloß eine geometrische Gestalt, sondern auch vor allem physische Eigenschaften, z. B. Masse. Setzten wir etwa nach einer hundertfachen Linearvergrößerung der Welt für die Masse der Erde und der Gegenstände auf ihr dieselben Zahlen wie vorher in die *Newton*sche Attraktionsformel ein, so würden wir für das Gewicht eines Körpers auf der Erdoberfläche nur den 10 000 sten Teil seines früheren Wertes erhalten, denn es ist ja umgekehrt proportional dem Quadrat der Entfernung vom Erdmittelpunkte. Ließe sich nun diese Gewichtsänderung, und damit indirekt die absolute Größenzunahme, nicht feststellen? Man könnte meinen, das sei durch Pendelbeobachtungen möglich, denn ein Pendel würde wegen der Gewichtsabnahme und wegen der Vergrößerung seiner Länge gerade 1000 mal langsamer schwingen als vorher. Aber wäre diese Verlangsamung feststellbar, hat sie physikalische Realität? Wiederum ist die Frage unbeantwortbar, solange nicht gesagt ist, wie es sich mit der Rotationsgeschwindigkeit der Erde nach der Deformation verhalten soll, denn durch Vergleich mit der letzteren entsteht ja erst das Zeitmaß. Zwecklos wäre auch der Versuch, die Gewichtsverminderung etwa mit Hilfe einer Federwage beobachten zu wollen, denn es bedürfte dazu wieder besonderer Voraussetzungen über das Verhalten des Elastizitätskoeffizienten der Feder bei der gedachten Vergrößerung.

Die Fiktion einer bloß geometrischen Deformation aller Körper ist mithin völlig nichtssagend, sie hat keine bestimmte physikalische Bedeutung. Sie hätte nur Sinn für ein Universum ohne Bewegung, und in einem solchen wäre ja der Begriff der physikalischen Konstante bedeutungslos. Beobachteten wir also eines schönen Morgens eine Verlangsamung des Ganges aller unserer Pendeluhren, so könnten wir daraus nicht etwa auf eine nächtliche Vergrößerung des Universums schließen, sondern die merkwürdige Erscheinung wäre stets auch durch andere physikalische Hypothesen erklärbar. Umgekehrt: wenn ich behaupte, daß alle linearen Abmessungen sich seit gestern um das Hundertfache verlängert hätten, so kann mir keine Erfahrung das Gegenteil beweisen; ich brauche nur gleichzeitig etwa zu behaupten, daß auch alle Massen den hundertfachen Wert angenommen, das Tempo der Erddrehung und der andern Vorgänge dagegen sich hundertfach verlangsamt habe. Man sieht nämlich leicht aus den elementaren Formeln der *Newton*schen Mechanik, daß sich unter diesen Voraussetzungen für alle beobachtbaren Größen (wenigstens soweit Trägheits- und Gravitationswirkungen in Betracht kommen) genau die gleichen Zahlen ergeben wie vorher. Die Änderung hat also keinen physikalischen Sinn.

Durch dergleichen beliebig zu vervielfältigende Überlegungen, die noch ganz auf dem Boden der *Newton*schen Mechanik bleiben, wird bereits klar, daß raumzeitliche Bestimmungen in der Wirklichkeit mit anderen physischen Größen untrennbar verbunden sind, und wenn man die einen unter Abstraktion von den übrigen für sich betrachtet, so muß man sorgfältig an der Erfahrung prüfen, inwieweit der Abstraktion ein realer Sinn zukommt.

Die Bedingung, daß alle physikalischen Konstanten in entsprechender Weise an der Transformation teilnehmen müssen, läßt sich auf eine einzige sehr einfache Bedingung zurückführen, wie folgende — übrigens auch für Späteres wichtige — Überlegung zeigt. Der Wert jeder physikalischen Größe ist eine Zahl, die durch Messung festgestellt wird. Durch unsere physikalischen Instrumente werden aber alle Größenbestimmungen auf Längenmessung von Strecken (d. h. des Abstandes zweier materieller Punkte) zurückgeführt, sie geschehen ja durch Ablesung einer Skala, eines Zifferblattes usw. Jede Ablesung besteht nun im Prinzip in der Beobachtung der Begegnung zweier materieller Punkte am gleichen Orte und zu gleicher Zeit — es koinzidiert z. B. eine Zeigerspitze zu einer bestimmten Zeit mit einem bestimmten Punkt einer Skala. Alle Messungen müssen also zu dem gleichen Resultat (zu dem gleichen Zahlenwert für die gemessene Größe) führen, sobald nur dafür gesorgt ist, daß immer die gleichen materiellen Punktpaare zeitlich und räumlich koinzidieren. — Hiernach dürfen wir den vorigen Gedankengang so formulieren: eine bloß räumliche Deformation der Welt hat keinen physikalischen Sinn. Damit sie ihn bekomme, muß auch das *zeitliche* Verhalten mit in Betracht gezogen werden. Dann aber gilt: das räumlich-zeitlich deformierte Universum ist mit dem ursprünglichen in jeder Hinsicht physikalisch identisch, sofern nur nach der Deformation alle räumlich-zeitlichen Koinzidenzen der Punktpaare dieselben sind wie vorher.

Vervollständigt durch diese Erörterungen, lehren uns nun die Betrachtungen *Poincarés* einwandfrei, daß wir uns die Welt durch gewisse gewaltige geometrisch-physikalische Änderungen in eine neue übergeführt denken können, die von der ersten schlechthin ununterscheidbar und mithin physikalisch völlig mit ihr identisch ist, so daß jene Änderung in der Wirklichkeit gar keinen realen Vorgang bedeuten würde. Wir hatten die Betrachtung zunächst durchgeführt für den Fall, daß die gedachte transformierte Welt der ursprünglichen geometrisch *ähnlich* ist; an den dargelegten Schlüssen ändert sich aber nicht das geringste, wenn wir diese Voraussetzung fallen lassen. Nehmen wir z. B. an, daß die Abmessungen aller Objekte sich nur nach einer Richtung hin beliebig verlängerten oder verkürzten, etwa in der Richtung der Erdachse, so würden wir von dieser Transformation (immer unter der Voraussetzung gleichzeitiger entsprechender Änderung der physikalischen Konstanten) wiederum nichts bemerken, obgleich die Gestalt der Körper sich gänzlich verändert hätte. Aus Kugeln wären Rotationsellipsoide, aus Würfeln Parallelepipede geworden, und zwar vielleicht sogar sehr langgestreckte; aber wollten wir mit Hilfe eines Maßstabes die Änderung der Längendimension gegenüber der Querdimension konstatieren, so wäre dies Bemühen vergeblich, weil ja der Maßstab, sobald wir ihn zum Zwecke der Messung in die Richtung der Erdachse drehen, sich nach unserer Voraussetzung selber in entsprechendem Maße verlängert oder verkürzt. Wir könnten auch die Deformation nicht sehend oder tastend direkt wahrnehmen, denn unser eigener Körper hat sich im gleichen Sinne deformiert, mitsamt unserem Augapfel, ebenso die Wellenflächen des Lichts: wiederum ist zu schließen, daß zwischen beiden Welten ein „wirklicher" Unterschied nicht besteht, die gedachte Deformation ist durch keine Messung feststellbar, sie hat keine physikalische Gegenständlichkeit.

Man sieht leicht, daß die vorgetragenen Überlegungen noch einer Verallgemeinerung fähig sind: wir können uns mit *Helmholtz* und *Poincaré* die Gegenstände des Universums nach beliebigen Richtungen beliebig verzerrt vorstellen, und die Verzerrung braucht nicht für alle Punkte die gleiche zu sein, sondern kann von Ort zu Ort wechseln — sobald wir voraussetzen, daß alle Meßinstrumente, wozu auch unser Leib mit seinen Sinnesorganen gehört, an jedem Orte die dort vorhandene Deformation und physikalische Änderung mitmachen, wird die ganze Änderung schlechthin ungreifbar, sie existiert für den Physiker nicht „wirklich".

IV. Die mathematische Formulierung der räumlichen Relativität.

In mathematischer Sprechweise können wir dies Resultat ausdrücken, indem wir sagen: zwei Welten, die durch eine völlig beliebige (aber stetige und eindeutige)

Punkttransformation ineinander übergeführt werden können, sind hinsichtlich ihrer physikalischen Gegenständlichkeit miteinander *identisch*. Das heißt: wenn das Universum sich irgendwie deformierte, so daß die Punkte aller physischen Körper dadurch an neue Orte gerückt werden, so ist damit (unter Berücksichtigung der obigen ergänzenden Erwägungen) überhaupt gar keine feststellbare, keine „wirkliche" Änderung eingetreten, wenn die Koordinaten eines physischen Punktes am neuen Orte auch ganz beliebige Funktionen der Koordinaten seines alten Ortes sind; nur wird natürlich vorauszusetzen sein, daß die Körperpunkte ihren Zusammenhang bewahren, daß also solche, die vor der Deformation benachbart waren, es auch nachher bleiben (d. h. jene Funktionen müssen stetig sein), und ferner darf jedem Punkt der ursprünglichen Welt nur *ein* Punkt der neuen entsprechen, und umgekehrt (d. h. die Funktionen müssen eindeutig sein).

Man kann sich die geschilderten Verhältnisse anschaulich klarmachen, wenn man (von der *Zeit* vorläufig absehend) sich den Raum durch ein System dreier Scharen von Ebenen, die zu den Koordinatenebenen parallel sind, in lauter Würfel geteilt denkt. Diejenigen Punkte der Welt, die auf einer solchen Ebene liegen (z. B. der Decke des Zimmers), werden nach der Deformation eine mehr oder weniger verbogene Fläche bilden. Die zweite Welt wird also durch das System aller derartigen Flächen in achteckige Zellen geteilt werden, die im allgemeinen alle verschiedene Größe und Gestalt haben. Wir würden aber in dieser Welt jene Flächen nach wie vor als „Ebenen" und ihre Schnittkurven als „Gerade", die Zellen als „Würfel" bezeichnen, denn es fehlte ja jedes

Mittel, festzustellen, daß sie es „eigentlich" nicht sind. Denken wir uns die Flächen fortlaufend numeriert, so ist jeder physische Punkt der deformierten Welt durch drei Zahlen bestimmt, nämlich die Nummern der drei Flächen, die durch ihn hindurchgehen; wir können also diese Zahlen als Koordinaten jenes Punktes benutzen und werden sie füglich als „Gaußsche Koordinaten" bezeichnen, weil sie für dreidimensionale Gebilde genau dieselbe Bedeutung haben wie die seinerzeit von *Gauß* zur Untersuchung zweidimensionaler Gebilde (Flächen) eingeführten Koordinaten. Er dachte sich nämlich eine beliebig gekrümmte Fläche von zwei sich kreuzenden ganz in der Fläche liegenden Kurvenscharen durchzogen und jeden Punkt auf ihr als Schnitt zweier solcher Kurven bestimmt. — Nun ist klar, daß die Begrenzungsflächen der Körper, der Lauf der Lichtstrahlen, alle Bewegungen und überhaupt alle Naturgesetze in der deformierten Welt, in diesen neuen Koordinaten ausgedrückt, durch identisch dieselben Gleichungen dargestellt werden wie die entsprechenden Gegenstände und Vorgänge der ursprünglichen Welt, bezogen auf gewöhnliche Cartesische Koordinaten, wenn nur jene Numerierung der Flächen in der richtigen Weise vollzogen wurde. Ein Unterschied zwischen beiden Welten besteht ja, wie gesagt, nur so lange, als man fälschlich annimmt, man könne im Raume Flächen und Linien überhaupt definieren ohne Rücksicht auf Körper in ihm, als wäre er also mit „absoluten" Eigenschaften ausgestattet.

Beziehen wir aber nun das neue Universum auf die *alten* Koordinaten, also auf das System der rechtwinklig sich schneidenden Ebenen, so erscheint nunmehr *dieses* als ein — in entgegengesetzter Weise — gänzlich verbogenes, gekrümmtes Flächensystem, und die geometrischen Gestalten und physikalischen Gesetze erhalten auf dieses System bezogen ein völlig verändertes Aussehen. Statt zu sagen: ich deformiere die Welt in bestimmter Weise, kann ich ebensogut sagen: ich beschreibe die unveränderte Welt durch neue Koordinaten, deren Flächensystem gegenüber dem ersten in bestimmter Weise deformiert ist. Beides ist einfach dasselbe, und jene gedachten Deformationen würden gar keine reale Änderung der Welt bedeuten, sondern nur eine Beziehung auf andere Koordinaten.

Es ist daher auch erlaubt, unsere eigene Welt, in der wir leben, als die deformierte aufzufassen und zu sagen: die Körperoberflächen (z. B. die Zimmerdecke), die wir Ebenen nennen, sind „eigentlich" gar keine; unsere Geraden (Lichtstrahlen) sind „in Wahrheit" krumme Linien usw. Wir können ohne Widerspruch etwa annehmen, daß ein Würfel, den ich ins Nebenzimmer transportiere, auf dem Wege dahin seine Gestalt und Größe beträchtlich ändert, und wir würden es nur nicht gewahr, weil wir selbst nebst allen Meßinstrumenten und der ganzen Umgebung analoge Änderungen erleiden; gewisse krumme Linien würden als die „wahren" Geraden zu gelten haben; die Winkel unseres Würfels, die wir als Rechte bezeichnen, würden es „in Wahrheit" nicht sein — doch könnten wir es nicht konstatieren, weil der Maßstab, mit dem wir die Schenkel des Winkels gemessen haben, seine Länge entsprechend ändern würde, wenn wir ihn herumdrehen, um den zugehörigen Kreisbogen zu messen. Die Winkelsumme unseres Quadrats betrüge „in Wahrheit" gar nicht vier Rechte — kurz, es wäre so, als ob wir eine von der Euklidischen verschiedene Geometrie benutzten. Die ganze Annahme käme also hinaus auf die Behauptung, daß gewisse Flächen und Linien, die uns als krumm erscheinen, eigentlich die wahren Ebenen und Geraden seien, und daß wir uns ihrer als Koordinaten bedienen müßten.

Warum nehmen wir tatsächlich nichts dergleichen an, obwohl es theoretisch möglich wäre, obwohl alle unsere Erfahrungen dadurch zu erklären wären? Nun, einfach deshalb nicht, weil diese Erklärung dann nur auf eine sehr komplizierte Weise geleistet werden könnte, nämlich nur durch die Annahme höchst verwickelter physikalischer Gesetzmäßigkeiten. Die Gestalt und das physikalische Verhalten eines Körpers wäre ja von seinem Orte abhängig, der Einwirkung äußerer Kräfte entzogen würde er eine krumme Linie beschreiben usw., kurz, wir gelangten zu einer höchst verworrenen Physik, und — was die Hauptsache ist — sie wäre gänzlich willkürlich, denn es gäbe beliebig viele gleich komplizierte Systeme der Physik, die alle der Erfahrung in gleichem Maße gerecht würden. Ihnen gegenüber zeichnete sich das übliche, die Euklidische Geometrie benutzende System als das *einfachste* aus, soweit man es bisher beurteilen konnte. Die Linien, die wir als „Gerade" bezeichnen, spielen eben physikalisch eine besondere Rolle, sie sind, wie *Poincaré* es ausdrückt, *wichtiger* als andere Linien; ein an diese Linien sich anschließendes Koordinatensystem liefert daher die einfachsten Formeln für die Naturgesetze.

V. Die Untrennbarkeit von Geometrie und Physik in der Erfahrung.

Die Gründe, weswegen man das gebräuchliche System der Geometrie und Physik allen anderen möglichen vorzieht und als das allein „wahre" betrachtet, sind genau dieselben, welche die Überlegenheit der Kopernikanischen über die Ptolemäische Weltansicht begründen: die erstere führt zu einer außerordentlich viel einfacheren Himmelsmechanik. Die Formulierung der Gesetze der Planetenbewegungen wird eben ganz unübersichtlich kompliziert, wenn man sie, wie *Ptolemäus*, auf ein mit der Erde fest verbundenes Koordinatensystem bezieht, höchst durchsichtig dagegen, wenn ein in bezug auf den Fixsternhimmel ruhendes System zugrunde gelegt wird.

So sehen wir, daß uns die Erfahrung keineswegs zwingt, bei der physikalischen Naturbeschreibung eine bestimmte, etwa die Euklidische Geometrie zu benutzen; sondern sie lehrt uns nur, welche Geometrie wir verwenden müssen, wenn wir zu den einfachsten Formeln für die Naturgesetze gelangen wollen. Hieraus folgt sofort: es hat überhaupt keinen Sinn, von einer bestimmten Geometrie „des Raumes" zu reden ohne Rücksicht auf die Physik, auf das Verhalten der Naturkörper, denn da die Erfahrung uns nur dadurch zur Wahl einer bestimmten Geometrie führt, daß sie uns zeigt, auf welche Weise das Verhalten der Körper am einfachsten formuliert werden kann, so ist es sinnlos, eine Entscheidung zu verlangen, wenn von Körpern überhaupt nicht die Rede sein soll. *Poincaré* hat dies prägnant in dem Satze ausgedrückt: „Der Raum ist in Wirklichkeit gestaltlos, und allein die Dinge, die darin sind, geben ihm eine Form." Ich will noch einige Ausführungen von *Helmholtz* ins Gedächtnis rufen, in denen er die gleiche Wahrheit verkündet. Er sagt gegen den Schluß seines Vortrages über den Ursprung und die Bedeutung der geometrischen Axiome folgendes: „Wenn wir es zu irgendeinem Zwecke nützlich fänden, so könnten wir in vollkommen folgerichtiger Weise den Raum, in welchem wir leben, als den scheinbaren Raum hinter einem Konvexspiegel mit verkürztem und zusammengezogenem Hintergrunde betrachten; oder wir könnten eine abgegrenzte Kugel unseres Raumes, jenseit deren Grenzen wir nichts mehr wahrnehmen, als den unendlichen pseudosphärischen Raum betrachten. Wir müßten dann nur den Körpern, welche uns als fest erscheinen, und ebenso unserm eigenen Leibe gleichzeitig die entsprechenden Dehnungen und Verkürzungen zuschreiben und würden allerdings das System unserer mechanischen Prinzipien gleichzeitig gänzlich verändern müssen; denn schon der Satz, daß jeder bewegte Punkt, auf den keine Kraft wirkt, sich in gerader Linie mit unveränderter Geschwindigkeit fortbewegt, paßt auf das Abbild der Welt im Konvexspiegel nicht mehr... Die geometrischen Axiome sprechen also gar nicht über Verhältnisse des Raumes allein, sondern gleichzeitig auch über das mechanische Verhalten unserer festesten Körper bei Bewegungen."

Seit *Riemann* und *Helmholtz* ist man gewohnt, von ebenen, sphärischen, pseudosphärischen und andern Räumen zu reden und von Beobachtungen, die darüber entscheiden sollten, welcher von diesen Klassen unser „wirklicher" Raum angehöre. Wir wissen jetzt, wie diese Redeweise zu verstehen ist: nämlich *nicht* so, als ob dem Raum ohne Rücksicht auf die Gegenstände in ihm eines jener Prädikate zugeschrieben werden könnte; sondern so, daß die Erfahrung uns nur darüber belehrt, ob es praktischer ist, die Euklidische oder eine nicht-Euklidische Geometrie bei der physikalischen Naturbeschreibung zu verwenden. *Riemann* selbst war sich natürlich wie *Helmholtz* über den Sachverhalt vollkommen klar; aber die Ergebnisse dieser beiden Forscher sind oft mißverständlich formuliert worden, so daß sie sogar gelegentlich zu einer Stärkung des Glaubens an den absoluten Raum führten als an etwas, dem eine bestimmte erfahrbare Gestalt für sich zukomme. Man muß sich sorglich vor der Annahme hüten, daß der Raum in diesem Sinne eine „physische Realität" besäße. — Bekanntlich versuchte *Gauß* durch Ausmessung mit Hilfe von Theodoliten festzustellen, ob in einem sehr großen Dreieck die Winkelsumme zwei Rechte betrage oder nicht. Er maß also die Winkel, die drei Lichtstrahlen an drei festen Punkten (Brocken, Hoher Hagen, Inselsberg) miteinander bildeten. Gesetzt, es hätte sich eine Abweichung von zwei Rechten gezeigt, so hätte man *entweder* die Lichtstrahlen als krummlinig annehmen und die Euklidische Geometrie beibehalten können, *oder* man könnte den Weg eines Lichtstrahls nach wie vor als Gerade bezeichnen, müßte dann aber eine nicht-Euklidische Geometrie einführen. Es ist also nicht richtig, daß die Erfahrung uns jemals eine „nicht-Euklidische Struktur des Raumes" *beweisen*, d. h. zu der zweiten der beiden möglichen Annahmen zwingen könnte. Andrerseits hat aber auch *Poincaré* nicht recht, wenn er an einer Stelle meint, daß tatsächlich der Physiker immer die erste Annahme wählen werde. Denn niemand konnte voraussagen, ob es nicht einmal nötig werden würde, von Euklidischen Maßbestimmungen abzugehen, um das physikalische Verhalten der Körper auf die einfachste Weise beschreiben zu können.

Nur dies konnte man schon sagen, daß man niemals Veranlassung finden würde, in *erheblichem* Grade die

Euklidische Geometrie zu verlassen, denn sonst hätten wir durch unsere Beobachtungen, besonders astronomische, längst darauf aufmerksam werden müssen. Es ist aber bisher unter Zugrundelegung der Euklidischen Geometrie vortrefflich gelungen, zu einfachen physikalischen Prinzipien zu gelangen. Daraus ist zu schließen, daß sie mindestens zur näherungsweisen Darstellung stets geeignet bleibt. Sollte uns daher die physikalische Zweckmäßigkeit ein Aufgeben der Euklidischen Maßbestimmungen nahelegen, so werden doch die Abweichungen nur geringfügig sein und an der Grenze des Beobachtbaren liegen. Ob aber groß oder klein, prinzipiell ist ihre Bedeutung natürlich genau dieselbe.

Dieser Fall, bis dahin nur eine theoretische Möglichkeit, ist jetzt eingetreten. *Einstein* zeigte, daß man tatsächlich nicht-Euklidische Beziehungen zur Darstellung räumlicher Verhältnisse in der Physik verwenden muß, um diejenige ungeheure prinzipielle Vereinfachung der Naturauffassung aufrechterhalten zu können, die jetzt in der Gestalt der *allgemeinen* Relativitätstheorie vorliegt. Wir kommen sogleich darauf zurück. Einstweilen halten wir das Resultat fest, daß der Raum für sich auf keinen Fall irgendeine Struktur besitzt; weder Euklidische noch nicht-Euklidische Konstitution ist ihm eigentümlich, ebensowenig wie es einer Strecke eigentümlich ist, nach Kilometern gemessen zu werden, nicht aber nach Meilen. Wie eine Strecke eine angebbare Länge erst dadurch erhält, daß ich einen Maßstab als Einheit wähle und dazu die Bedingungen der Messung genau festsetze, so wird die Anwendung einer bestimmten Geometrie auf die Wirklichkeit erst möglich, wenn bestimmte Gesichtspunkte festgelegt sind, nach denen die räumlichen Beziehungen aus den physikalischen abstrahiert werden sollen. Alles Messen von Raumstrecken geschieht in letzter Linie durch Aneinanderlegen von Körpern; damit eine solche Vergleichung zweier Körper zu einer *Messung* werde, muß man sie erst nach gewissen Prinzipien *interpretieren* (man muß z. B. annehmen, daß gewisse Körper als starr zu betrachten sind, also einen Transport ohne Gestaltänderung überstehen).

Ganz analoge Betrachtungen wie für den Raum lassen sich mutatis mutandis für die Zeit anstellen. Die Erfahrung kann uns nicht zwingen, der Naturbeschreibung ein bestimmtes Maß und Tempo des Zeitlaufs zugrunde zu legen, sondern wir wählen dasjenige, welches die einfachste Formulierung der Gesetze ermöglicht. Alle zeitlichen Bestimmungen sind mit physischen Vorgängen ebenso unlöslich verknüpft wie die räumlichen mit physischen Körpern. Die messende Beobachtung irgendeines physikalischen Prozesses, z. B. der Lichtausbreitung von einem Orte zum andern, schließt zugleich die Ablesung von Uhren ein und setzt mithin eine Methode voraus, nach welcher verschieden lokalisierte Uhren zu regulieren sind; ohne eine solche haben die Begriffe der Gleichzeitigkeit und der gleichen Dauer keinen bestimmten Sinn. Doch das sind Dinge, auf die wir schon oben bei Besprechung der speziellen Theorie die Aufmerksamkeit gelenkt haben. Alle Zeitmessung findet durch Vergleichung zweier Vorgänge statt, und damit ein solcher Vergleich eine Messung bedeute, muß eine Vereinbarung, ein Prinzip vorausgesetzt werden, dessen Wahl wiederum durch das Streben nach möglichst einfacher Formulierung der Naturgesetze bestimmt wird.

So sehen wir denn: Raum und Zeit sind nur in der Abstraktion von den physischen Dingen und Vorgängen trennbar. *Wirklich* ist nur die Vereinigung, die Einheit von Raum, Zeit und Dingen; jedes für sich ist ein Abstraktum. Und bei einer Abstraktion muß man sich immer fragen, ob sie auch naturwissenschaftlichen Sinn hat, d. h. ob das durch die Abstraktion Getrennte auch tatsächlich voneinander unabhängig ist.

VI. Die Relativität der Bewegungen und ihr Verhältnis zur Trägheit und Gravitation.

Wäre man sich dieser letzten Wahrheit stets bewußt gewesen, so hätte der berühmte immer wieder erneuerte Streit über die Existenz der sogenannten *absoluten Bewegung* von vornherein ein anderes Antlitz bekommen. Der Begriff der Bewegung nämlich hat einen realen Sinn zunächst nur in der Dynamik, als Ortsveränderung materieller Körper mit der Zeit; die sogenannte reine Kinematik (zu *Kants* Zeiten „Phoronomie" genannt) entsteht aus der Dynamik dadurch, daß man von der *Masse* abstrahiert, sie ist also die Lehre von der zeitlichen Änderung des Orts bloßer mathematischer Punkte. Inwieweit dieses Abstraktionsgebilde zur Naturbeschreibung dienen kann, läßt sich nur durch die Erfahrung entscheiden. Die Gegner der absoluten Bewegung argumentierten vor *Einstein* im Prinzip immer folgendermaßen: Jede Ortsbestimmung ist, da nur für ein bestimmtes Bezugssystem definiert, ihrem Begriff nach relativ, also auch jede Ortsveränderung; es gibt mithin nur relative Bewegung, d. h. es kann kein ausgezeichnetes Bezugssystem geben; da nämlich der Begriff der Ruhe ein relativer ist, muß ich jedes beliebige Bezugssystem als ruhend betrachten können.

Diese Beweisführung übersieht aber, daß die Definition der Bewegung als *Ortsveränderung schlechthin* nur die Bewegung im Sinn der Kinematik trifft. Für reale Bewegungen, d. h. für die Mechanik oder Dynamik, braucht der Schluß nicht bindend zu sein; erst die Erfahrung muß zeigen, ob er berechtigt war. Rein kinematisch ist es natürlich dasselbe, ob man sagt: die Erde rotiert, oder: der Fixsternhimmel dreht sich um die Erde; daraus folgt aber nicht, daß beides auch dynamisch ununterscheidbar sein müsse. *Newton* nahm vielmehr bekanntlich das Gegenteil an. Er glaubte — scheinbar im besten Einklang mit der Erfahrung —, daß man einen rotierenden Körper von einem ruhenden durch die Zentrifugalkräfte (Abplattung) unterscheiden könnte, und eben durch das Fehlen der Zentrifugalkräfte würde dann die absolute Ruhe (von gleichförmiger Translation abgesehen) *definiert* sein. In der erfahrbaren Wirklichkeit geht eben jede beschleunigte Ortsveränderung mit dem Auftreten von Trägheitswiderständen (z. B. Fliehkräften) Hand in Hand; und es ist willkürlich, von diesen beiden Momenten, die gleichermaßen zur physischen Bewegung gehören und nur in der Abstraktion trennbar sind, das eine als die Ursache des andern zu erklären, nämlich die Trägheitswiderstände als *Wirkung* der Beschleunigung aufzufassen. Es läßt sich also nicht aus dem bloßen Begriff der Bewegung beweisen (wie man etwa nach den Ausführungen *E. Machs* glauben könnte), daß es kein ausgezeichnetes Bezugssystem, d. h. keine absolute Bewegung geben könne, sondern die Entscheidung muß der Beobachtung vorbehalten bleiben.

Darin freilich hatte *Newton* unrecht, daß er glaubte, die Beobachtung *habe* bereits die Frage entschieden, nämlich so, daß zwar geradlinig-gleichförmige Bewegungen in der Tat relativ seien (d. h. die Gesetze der Dynamik sind genau die gleichen für zwei Bezugssysteme, die sich geradlinig-gleichförmig zueinander bewegen), daß dies aber nicht gelte für beschleunigte Bewegungen (also z. B. rotierende); vielmehr hätten alle Beschleunigungen absoluten Charakter, gewisse Bezugssysteme seien dadurch ausgezeichnet, daß allein in ihnen das Trägheitsgesetz gültig ist. Man nennt sie deshalb Inertialsysteme. Ein Inertialsystem würde also nach *Newton* dadurch definiert und daran zu erkennen sein, daß ein Körper, auf den keine Kräfte wirken, in ihm sich geradlinig-gleichförmig bewegt (oder ruht), daß also an einem Körper nur dann keine Fliehkräfte (keine Abplattung) auftreten, wenn er in bezug auf das Inertialsystem nicht rotiert. Diese Anschauungen machte *Newton*, wie gesagt, mit Unrecht zum Fundament der Mechanik, denn sie haben in Wahrheit *keine* ausreichende Grundlage in der Erfahrung; keine Beobachtung nämlich zeigt uns einen Körper, auf den gar keine Kräfte wirken, und es liegen (dies betonte *Mach* mit Recht) keine Erfahrungen darüber vor, ob ein in einem Inertialsystem ruhender Körper nicht vielleicht doch Zentrifugalkräfte aufweist, wenn etwa eine außerordentlich große Masse in seiner Nähe rotiert, ob also nicht doch vielleicht auch jene Kräfte nur Eigentümlichkeiten der *relativen* Rotation sind.

Die Sachlage war also tatsächlich folgende: Einerseits reichten die bekannten Erfahrungen nicht aus, um die

Richtigkeit der *Newton*schen Annahme von der Existenz absoluter Beschleunigungen (d. h. ausgezeichneter Bezugssysteme) zu erweisen; andererseits waren aber auch, wie eben gezeigt, die allgemeinen Argumente (z. B. *Machs*) für die Relativität aller Beschleunigungen nicht schlechthin zwingend. Vom Standpunkte der Erfahrung mußten also einstweilen beide Ansichten als möglich zugelassen werden. Erkenntnistheoretisch betrachtet hat aber natürlich der Standpunkt, welcher die Existenz ausgezeichneter Bezugssysteme leugnet und mithin an der Relativität *aller* Bewegungen festhält, großen Reiz und gewaltige Vorzüge vor dem *Newton*schen, denn wenn er sich durchführen läßt, so würde das eine ganz außerordentliche Vereinfachung des Weltbildes bedeuten. Es wäre überaus befriedigend, wenn wir sagen dürften: nicht bloß gleichförmige, sondern überhaupt alle Bewegungen sind relativ; der kinematische und der dynamische Bewegungsbegriff würden dann realiter zusammenfallen; zur Feststellung des Charakters einer Bewegung würden rein kinematische Beobachtungen genügen, es brauchten nicht noch Daten über Trägheitswiderstände (Fliehkräfte) hinzuzukommen, deren es bei *Newton* bedurfte. Eine auf relative Bewegungen aufgebaute Mechanik würde also ein sehr viel geschlosseneres, vollendeteres Weltbild ergeben als die *Newton*sche. Es dürfte von ihm nicht a priori behauptet werden, daß es das einzig richtige sei, wohl aber empfähle es sich (wie *Einstein* hervorhebt) von vornherein durch seine imposante Einfachheit und Abrundung.

Es kommt noch etwas hinzu. Wir hatten bereits oben (S. 31) darauf hingewiesen, daß jede Messung, und folglich die Feststellung aller physikalischen Tatsachen und Gesetze auf die Beobachtung von Begegnungen materieller Punkte hinausläuft, daß also alle physikalischen Beobachtungen sich wirklich nur *auf kinematische Daten* beziehen und gar nichts andres zum Gegenstande haben können. Absolute Bewegungen, die ja zur Trennung des dynamischen und des kinematischen Bewegungsbegriffs nötigen würden, kommen also als solche nie zur Beobachtung. Muß die Mechanik sie dennoch einführen, so wird damit eine der Beobachtung unzugängliche Ursache (nämlich der absolute Raum bzw. die Bewegung relativ zu ihm) in die Naturerklärung eingeführt, und es wird darauf verzichtet, die Naturgesetze als Abhängigkeiten zwischen lauter reinen Beobachtungstatsachen aufzufassen. In diesem Sinne konnte *Einstein* mit Recht sagen, die *Newton*sche Mechanik leiste der Forderung der Kausalität nur scheinbar genüge. Zwar lassen sich die von *Newton* als absolut betrachteten Beschleunigungen sehr wohl feststellen und messen, weil sie — für *Newtons* Standpunkt rein zufällig — zugleich die Beschleunigungen gegen das Fixsternsystem sind; aber der Grund, warum gerade dieses System als Bezugssystem dienen muß, warum also gerade jene Beschleunigungen die absoluten sind, entzieht sich schlechterdings der Beobachtung. Freilich war es die *Erfahrung*, durch die sich *Newton* zur Einführung einer nicht erfahrbaren Ursache genötigt glaubte.

Bis zu *Einstein* war aber der Gedanke einer allein auf relative Bewegungen gegründeten Mechanik immer nur eine Forderung, ein lockendes Ziel gewesen, eine derartige Mechanik war nie aufgestellt oder auch nur ein gangbarer Weg zu ihr gewiesen worden; man konnte nicht einmal wissen, ob und unter welchen Voraussetzungen sie überhaupt möglich, mit den Erfahrungstatsachen vereinbar war. Ja, die Wissenschaft schien sogar in der entgegengesetzten Richtung fortschreiten zu müssen, denn während in der klassischen Mechanik alle in bezug auf ein Inertialsystem geradlinig-gleichförmig bewegten Systeme gleichfalls Inertialsysteme waren, so daß wenigstens alle gleichförmigen Translationsbewegungen relativen Charakter behielten, schien für die elektromagnetisch - optischen Erscheinungen selbst dies nicht mehr zu gelten: in der *Lorentz*schen Elektrodynamik gab es nur noch ein einziges ausgezeichnetes Bezugssystem (das „im Äther ruhende"). Erst nachdem es *Einstein* gelungen war, das in der alten Mechanik bereits geltende spezielle Relativitätsprinzip auf die gesamte Physik auszudehnen, konnte auf dem so geschaffenen Boden nun der Gedanke der ganz allgemeinen Relativität beliebiger Bewegungen wieder aufgenommen werden, und wiederum war es *Einstein*, der ihn wirklich nutzbar machte. Er hat ihn gleichsam aus den erkenntnistheoretischen Regionen auf den Boden der Physik verpflanzt und damit erst in greifbare Nähe gerückt.

Einstein stellte den erkenntnistheoretischen Gründen, so schwerwiegend sie auch sein mochten, vor allem ein physikalisches Argument dafür zur Seite, daß in der Tat alle Bewegungen in Wirklichkeit höchstwahrscheinlich relativen Charakter hätten. Dieses physikalische Argument stützt sich auf die Gleichheit der trägen und der schweren Masse. Wir können es uns folgendermaßen verdeutlichen. Gesetzt, alle Beschleunigungen sind relativ, dann beruhen alle Zentrifugalkräfte oder sonstigen Trägheitswiderstände, die wir beobachten, auf der Relativbewegung zu andern Körpern, wir müssen folglich die Ursache der Trägheitswiderstände in der Anwesenheit jener andern Körper suchen. Wären z. B. außer der Erde überhaupt keine andern Himmelskörper vorhanden, so könnte man nicht von einer Rotation der Erde reden, und sie könnte nicht abgeplattet sein. Die Zentrifugalkräfte, durch die ihre tatsächliche Abplattung zustande gekommen ist, müssen also einer *Wirkung* der Himmelskörper auf die Erde ihr Dasein verdanken. Nun kennt aber die klassische Mechanik in der Tat eine Wirkung, welche alle Körper gegenseitig aufeinander ausüben: das ist die *Gravitation*. Gibt die Erfahrung irgendeinen Anhalt dafür, daß etwa diese Gravitation auch für die Trägheitswirkungen verantwortlich gemacht werden könnte? Ein solcher Anhalt ist tatsächlich vorhanden, und zwar ein höchst bemerkenswerter: es ist der Umstand, daß es für irgendeinen bestimmten Körper eine und dieselbe Konstante ist, welche für die Trägheits- wie für die Gravitationswirkungen maßgebend ist, sie heißt bekanntlich die *Masse*. Beschreibt z. B. ein Körper eine Kreisbahn relativ zu einem Inertialsystem, so ist nach der klassischen Mechanik die dazu nötige Zentralkraft proportional einem für den Körper charakteristischen Faktor m; wird aber der Körper von einem andern vermöge der Gravitation angezogen (z. B. von der Erde), so ist die auf ihn wirkende Kraft (z. B. sein Gewicht) diesem selben Faktor m proportional. Dies beruht auf der Tatsache, daß an derselben Stelle des Gravitationsfeldes alle Körper ohne Ausnahme *dieselbe* Beschleunigung erleiden, denn die Masse m des Körpers hebt sich fort, da sie sowohl in dem Ausdruck für den

Trägheitswiderstand wie für die Attraktion als Proportionalitätskonstante auftritt.

Den Zusammenhang zwischen Gravitation und Trägheit hat *Einstein* durch folgende Betrachtung überaus anschaulich gemacht. Wenn ein irgendwo in der Welt in einem geschlossenen Kasten befindlicher Physiker beobachtete, daß alle sich selbst überlassenen Gegenstände in eine bestimmte Beschleunigung geraten, etwa stets mit konstanter Beschleunigung auf den Boden des Kastens fallen, so könnte er diese Erscheinung auf zwei Arten erklären: erstens könnte er annehmen, daß sein Kasten auf einem Himmelskörper ruhe, und den Fall der Gegenstände auf die Gravitationswirkung desselben zurückführen; zweitens aber könnte er auch annehmen, daß der Kasten sich mit konstanter Beschleunigung nach „oben" bewege: dann wäre das Verhalten der „fallenden" Gegenstände durch ihre Trägheit erklärt. Beide Erklärungen sind genau gleich möglich, jener Physiker hat kein Mittel, zwischen ihnen zu entscheiden. Nimmt man an, daß alle Beschleunigungen relativ sind, daß also ein Unterscheidungsmittel *prinzipiell* fehlt, so läßt sich dies verallgemeinern: an jedem Punkte des Universums kann man die beobachtete Beschleunigung eines sich selbst überlassenen Körpers entweder als Trägheitswirkung auffassen oder als Gravitationswirkung, d. h. man kann entweder sagen: „das Bezugssystem, von dem aus ich den Vorgang beobachte, ist beschleunigt", oder: „der Vorgang findet in einem Gravitationsfelde statt." Die Gleichwertigkeit beider Auffassungen bezeichnen wir mit *Einstein* als das *Äquivalenzprinzip*. Es beruht, wie gesagt, auf der Identität von träger und gravitierender Masse.

Dieser Umstand der Identität der beiden Faktoren ist nun höchst auffällig, und wenn man sich ihn einmal recht vor Augen stellt, muß man staunen, daß vor *Einstein* niemand daran gedacht hat, Schwere und Trägheit in eine engere Verbindung miteinander zu bringen. Hätte man auf einem anderen Gebiete Analoges beobachtet, hätte man z. B. irgendeine Wirkung gefunden, die der auf einem Körper vorhandenen Elektrizitätsmenge proportional ist, so würde man sie von vornherein in Zusammenhang mit den übrigen elektrischen Erscheinungen gebracht haben, man würde die elektrischen Kräfte und die gedachte neue Wirkung als verschiedene Äußerungen einer und derselben Gesetzmäßigkeit aufgefaßt haben. In der klassischen Mechanik ist aber nicht die geringste Beziehung hergestellt zwischen Trägheits- und Gravitationserscheinungen, sie sind nicht in einer einzigen Gesetzmäßigkeit zusammengefaßt, sondern stehen ganz unverbunden nebeneinander; und daß bei beiden ein und derselbe Faktor — die Masse — eine Rolle spielt, ist für *Newton* rein zufällig. Sollte es wirklich Zufall sein? Das wäre unwahrscheinlich im höchsten Maße.

Die Identität der trägen und der gravitierenden Masse ist also der eigentliche Erfahrungsgrund, der uns erst das Recht gibt zu der Annahme oder der Behauptung, daß die Trägheitswirkungen, die wir an einem Körper beobachten, auf den Einfluß zurückzuführen sind, den er von andern Körpern erleidet. (Natürlich ist der Einfluß gemäß den modernen Anschauungen nicht als eine Fernwirkung aufzufassen, sondern als durch ein Feld vermittelt.)

Jene Behauptung bedeutet die Forderung einer unbeschränkten Relativität der Bewegungen, denn da jetzt alle Erscheinungen nur von der *gegenseitigen* Lage und Bewegung der Körper abhängen sollen, so kommt der Bezug auf irgendein besonderes Koordinatensystem gar nicht mehr vor. Der Ausdruck der Naturgesetze in bezug auf ein in einem beliebigen Körper (z. B. der Sonne) ruhendes Koordinatensystem muß derselbe sein wie in bezug auf ein in einem beliebigen andern Körper (z. B. einem Karussel auf der Erde) ruhendes; man muß beide mit gleichem Rechte als „ruhend" betrachten können. Die *Newton*sche Mechanik mußte ihre Gesetze auf ein ganz bestimmtes System (ein Inertialsystem) beziehen, das von der gegenseitigen Lage der Körper unabhängig war, denn nur für dieses galt das Trägheitsgesetz; in der neuen Mechanik dagegen, welche Trägheits- und Gravitationswirkungen als Ausdruck eines einzigen Grundgesetzes zu fassen hat, müssen nicht nur die Erscheinungen der Schwere, sondern auch die der Trägheit allein von der relativen Lage und Bewegung der Körper zueinander abhängen. Der Ausdruck jenes Grundgesetzes muß demnach so beschaffen sein, daß durch ihn kein Koordinatensystem vor den andern ausgezeichnet wird, sondern daß er für jedes beliebige seine Geltung unverändert behält. Es ist klar, daß die alte *Newton*sche Dynamik nur eine erste Näherung an die neue Mechanik bedeuten kann, denn die letztere fordert ja im Gegensatz zur ersteren, daß z. B. an einem Körper Zentrifugalbeschleunigungen auftreten müssen, wenn große Massen um ihn herum rotieren, und der Widerspruch der neuen gegen die klassische Mechanik tritt in diesem besonderen Falle nur deshalb nicht zutage, weil jene Kräfte auch für die größten bei einem Experiment verwendbaren Massen noch so klein sind, daß sie sich der Beobachtung entziehen.

Einstein ist es nun wirklich gelungen, ein Grundgesetz aufzustellen, welches Trägheits- und Gravitationserscheinungen in gleicher Weise umfaßt. Wir sind nun bald genügend vorbereitet, um den Weg klar zu überschauen, auf welchem er dahin gelangte.

VII. Das allgemeine Relativitätspostulat und die Maßbestimmungen des Raum-Zeit-Kontinuums.

Soweit wir den Gedanken der Relativität zuletzt im physikalischen Denken verfolgt haben, bezog er sich nur auf Bewegungen. Sind diese wirklich ausnahmslos relativ, so sind ganz beliebig zueinander bewegte Koordinatensysteme gleichberechtigt, und der Raum hat seine Gegenständlichkeit insoweit eingebüßt, als es nicht möglich ist, irgendwelche Bewegungen oder Beschleunigungen in bezug auf ihn zu definieren. Er hat aber doch noch eine gewisse Gegenständlichkeit behalten, solange er noch stillschweigend mit ganz bestimmten Maßeigenschaften ausgestattet gedacht wird. In der alten Physik legte man jedem Meßverfahren ohne weiteres die Idee eines starren Stabes zugrunde, der zu jeder Zeit dieselbe Länge besäße, an welchem Ort und in welcher Lage und Umgebung er sich auch befinden möge, und an der Hand dieses Gedankens wurden alle Maße nach den Vorschriften der Euklidischen Geometrie ermittelt. Hieran wurde durch die neuere, auf der speziellen Relativitätstheorie aufgebaute Physik nichts geändert, sofern nur die Voraussetzung erfüllt war, daß die Messungen alle innerhalb desselben Bezugssystems mit einem jeweils in ihm ruhenden Maßstabe ausgeführt wurden. Damit war dem Raume eine „Euklidische Struktur" noch gleichsam als selbständige Eigenschaft gelassen, denn das Resultat jener Maßbestimmungen wurde ja als gänzlich unabhängig gedacht von den im Raume herrschenden physischen Bedingungen, z. B. von der Verteilung der Körper und ihren Gravitationsfeldern. Nun sahen wir allerdings, daß es stets möglich ist, die Lagen- und Größenbeziehungen der Körper und Vorgänge nach den gewöhnlichen Euklidischen Vorschriften, etwa durch Cartesische Koordinaten, festzulegen, wenn man nur die dazu gehörende Formulierung der physikalischen Gesetze einführt. Wir sind aber jetzt in bezug auf die zu wählende Formulierung der Physik bereits in einer Hinsicht gebunden: wir hatten ja die Aufgabe gestellt, sie, wenn möglich, so zu bestimmen, daß das allgemeine Relativitätspostulat erfüllt wird. Und daß wir *unter dieser Bedingung* mit der Euklidischen Geometrie auskommen, versteht sich keineswegs von selbst. Hatte sich doch gezeigt, daß sogar dem speziellen Relativitätspostulat nur Genüge geleistet werden kann, wenn der in der Physik bis dahin stets vorausgesetzte Zeitbegriff modifiziert wird; da könnte es ganz wohl sein, daß das verallgemeinerte Relativitätsprinzip uns zwänge, von der gewohnten Euklidischen Geometrie abzugehen.

Einstein kommt durch Betrachtung eines ganz einfachen Beispiels zu dem Ergebnis, daß dies in der Tat der Fall ist. Fassen wir nämlich zwei zueinander rotierende Koordinatensysteme ins Auge und nehmen an, daß in dem einen von ihnen — wir nennen es K — die Lagebeziehungen der in ihm ruhenden Körper durch Euklidische Geometrie bestimmbar sind (wenigstens in einem gewissen Bereich), so ist das für das zweite System K' sicher nicht möglich. Das sieht man leicht auf folgende Weise ein. Der Koordinatenanfang und die z-Achse seien beiden Systemen gemeinsam, das eine rotiere relativ zum andern um diese Achse. Wir denken uns um den Koordinatenanfang in der x-y-Ebene in K einen Kreis geschlagen; das ist dann aus Symmetriegründen auch ein Kreis in K'. Wenn in K die Euklidische Geometrie gilt, so ist das Verhältnis des Kreisumfangs zum Durchmesser in diesem System gleich π; stellt man aber dasselbe Verhältnis durch Ausmessung mit Maßstäben fest, die in K' ruhen, so erhält man einen größeren Wert als π. Denn wenn man den Meßvorgang von K aus beurteilt denkt, so hat der Maßstab beim Messen des Durchmessers dieselbe Länge, als wenn er in K ruhte, beim Messen des Kreisumfanges aber ist er infolge der *Lorentz*kontraktion verkürzt; das Verhältnis beider Maßzahlen wird also größer, die Geometrie in K' ist nicht Euklidisch. Die relativ zu K' vorhandenen zentrifugalen Trägheitswirkungen können aber nach dem Äquivalenzprinzip in jedem Punkte als Gravitationswirkungen aufgefaßt werden; man sieht daraus, daß die Existenz eines Gravitationsfeldes die Benutzung nicht-Euklidischer Maßbestimmungen fordert. Nun gibt es genau genommen kein endliches Gebiet, das ganz frei von Gravitationswirkungen wäre; wenn wir also in der Physik das allgemeine Relativitätspostulat aufrechterhalten wollen, so müssen wir darauf verzichten, die Abmessungen und Lagebeziehungen der Körperwelt mit Hilfe Euklidischer Methoden zu beschreiben. Es ist aber nicht etwa so, daß an die Stelle der Euklidischen Geometrie nun eine bestimmte andere, etwa die *Lobatschewsky*sche oder die *Riemann*sche, für den ganzen Raum zu treten hätte (vgl. unten Abschnitt IX), sondern es sind die verschiedenartigsten Maßbestimmungen zu verwenden, im allgemeinen an jeder Stelle andere; und welche es sind, hängt nun von dem Gravitationsfelde an jenem Orte ab. Darin liegt nicht die geringste Denkschwierigkeit, denn wir haben uns ja oben ausführlich davon überzeugt, daß es überhaupt erst die Dinge im Raum sind, die ihm eine bestimmte Struktur, eine Konstitution geben, und es ergibt sich jetzt nur — wir werden das alsbald sehen —, daß wir eben den schweren Massen bzw. ihren Gravitationsfeldern diese Rolle zuweisen müssen. Im Gravitationsfelde wird es unmöglich, Längen und (wie sich gleichfalls leicht zeigen läßt) Zeiten auf die im Abschnitt II geschilderte einfache Weise mit Hilfe von Uhren und Maßstäben zu definieren und zu messen. Da nun Gravitationsfelder nirgends fehlen, so gilt die spezielle Relativitätstheorie niemals streng; die Lichtgeschwindigkeit z. B. ist in Wahrheit nicht absolut konstant. Es wäre aber ganz unrichtig zu sagen, die spezielle Theorie sei durch die allgemeine als falsch erkannt und umgestoßen. In Wahrheit ist sie nur in der allgemeinen aufgegangen; sie stellt den Spezialfall dar, in welchen diese dort übergeht, wo Gravitationswirkungen keine Rolle spielen.

Aus der allgemeinen Relativitätstheorie folgt also, daß es ganz unmöglich ist, dem Raum irgendwelche Eigenschaften zuzuschreiben ohne Rücksicht auf die Dinge in ihm, und es ist nun auch in der Physik die Relativierung des Raumes so vollständig vollzogen, wie wir sie oben aus allgemeineren Betrachtungen heraus als das einzig Natürliche erkannten. Der Raum und die Zeit sind für sich niemals Gegenstände der Messung; sie bilden zusammen nur ein vierdimensionales Schema, in welches wir mit Hilfe unserer Beobachtungen und

Messungen die physikalischen Objekte und Prozesse einordnen. Wir wählen das Schema so (und wir können es, da es sich um ein Abstraktionsgebilde handelt), daß das auf diese Weise entstehende System der Physik einen möglichst einfachen Bau erhält.

Wie findet denn nun diese Einordnung statt? Was beobachten und messen wir eigentlich?

Wir sahen bereits früher, daß die Möglichkeit alles exakten Beobachtens darauf beruht, identisch dieselben physischen Punkte zu verschiedenen Zeiten und an verschiedenen Orten ins Auge zu fassen, und daß alles Messen hinausläuft auf die Konstatierung des Zusammenfallens zweier solcher festgehaltenen Punkte am selben Ort und zur gleichen Zeit. Die Einstellung und Ablesung aller Meßinstrumente, welcher Art sie auch sein mögen, ob sie mit Zeigern und Skalen, Winkelteilungen, Wasserwagen, Quecksilbersäulen oder was sonst arbeiten, geschieht stets durch die Beobachtung der zeiträumlichen Koinzidenz zweier oder mehrerer Punkte. Das gilt vor allem auch für alle der Zeitmessung dienenden Apparate, die bekanntlich *Uhren* heißen. Solche Koinzidenzen sind also strenggenommen das einzige, was sich beobachten läßt, und die ganze Physik kann aufgefaßt werden als ein Inbegriff von Gesetzen, nach denen das Auftreten dieser zeiträumlichen Koinzidenzen stattfindet. Alles, was sich in unserem Weltbilde *nicht* auf derartige Koinzidenzen zurückführen läßt, entbehrt der physikalischen Gegenständlichkeit und kann ebenso gut durch etwas anderes ersetzt werden. Alle Weltbilder, die hinsichtlich der Gesetze jener Punktkoinzidenzen übereinstimmen, sind physikalisch absolut gleichwertig. Wir sahen früher, daß es überhaupt keine beobachtbare, physikalisch reale Änderung bedeutet, wenn wir uns die ganze Welt in völlig beliebiger Weise deformiert denken, falls nur die Koordinaten eines jeden physischen Punktes *nach* der Deformation stetige, eindeutige, im übrigen aber ganz willkürliche Funktionen seiner Koordinaten *vor* der Deformation sind (und die physikalischen ,,Konstanten" ein entsprechendes Verhalten zeigen). Bei einer derartigen Punkttransformation bleiben nun in der Tat alle räumlichen Koinzidenzen restlos bestehen, sie werden durch die Verzerrung nicht berührt, so sehr auch alle Entfernungen und Lagen durch sie geändert werden mögen. Befinden sich nämlich zwei koinzidierende — d. h. unendlich benachbarte — Punkte A und B vor der Verzerrung an einem Orte, dessen Koordinaten x_1, x_2, x_3 sind, und gelangt A durch die Deformation an den Ort x_1', x_2', x_3', so muß, da nach Voraussetzung die x' stetige und eindeutige Funktionen der x sind, auch B nach der Verzerrung die Koordinaten x_1', x_2', x_3' haben, sich also an demselben Orte, d. h. in unmittelbarer Nachbarschaft von A befinden. Alle Koinzidenzen bleiben mithin bei der Deformation ungestört erhalten.

Wir hatten früher unsere Betrachtungen der Anschaulichkeit wegen zunächst für den Raum allein durchgeführt; wir können sie jetzt dadurch verallgemeinern, daß wir uns die Zeit t als vierte Koordinate hinzugefügt denken. Besser noch wählen wir als vierte Koordinate das Produkt $ct = x_4$, worin c die Lichtgeschwindigkeit bedeutet. Das sind Festsetzungen, welche die mathematische Formulierung und Rechnung erleichtern und also zunächst rein formale Bedeutung haben. Es wäre mithin verkehrt, an die Einführung der vierdimensionalen Betrachtungsweise irgendwelche metaphysischen Spekulationen knüpfen zu wollen.

Auch unabhängig von der mathematischen Formulierung kann man den Nutzen einsehen, den die Auffassung der Zeit als vierte Koordinate mit sich bringt, und die innere Berechtigung dieser Darstellungsart erkennen. Denken wir uns, um dies zu verdeutlichen, ein Punkt bewege sich irgendwie in einer Ebene, die wir als x_1-x_2-Ebene wählen; er beschreibt also in ihr irgendeine Kurve. Zeichnen wir diese Kurve auf, so können wir aus ihrer Betrachtung wohl die Gestalt seiner Bahn entnehmen, nicht aber die übrigen Daten der Bewegung ablesen, etwa die Geschwindigkeit, die er an verschiedenen Orten seiner Bahn hat, und die Zeit, zu welcher er sich an diesen Orten befindet. Nehmen wir aber die Zeit als dritte Koordinate x_4 hinzu, so wird dieselbe Bewegung durch eine dreidimensionale Kurve dargestellt, deren Gestalt restlos über den Charakter der Bewegung Aufschluß gibt, denn man kann an ihr unmittelbar erkennen, welches x_4 zu irgendeinem Ort x_1, x_2 der Bahn gehört, und auch die Geschwindigkeit läßt sich jeweils aus der Neigung der Kurve gegen die x_1-x_2-Ebene ablesen. Wir nennen die Kurve mit *Minkowski* passend die *Weltlinie* des Punktes. Eine Kreisbewegung in der x_1-x_2-Ebene würde z. B. durch eine schraubenförmige Weltlinie in der x_1-x_2-x_4-Mannigfaltigkeit wiedergegeben. Die Bahnkurve des Punktes drückt gleichsam willkürlich nur eine Seite seiner Bewegung aus, nämlich die Projektion der dreidimensionalen Weltlinie auf die x_1-x_2-Ebene. Findet nun die Bewegung des Punktes selbst schon im dreidimensionalen Raume statt, so erhält man als seine Weltlinie eine Kurve in der vierdimensionalen Mannigfaltigkeit der x_1, x_2, x_3, x_4, und an dieser Linie kann man sämtliche Eigenschaften der Bewegung des Punktes äußerst bequem studieren. Die Bahnkurve des Punktes im Raume ist die Projektion der Weltlinie auf die Mannigfaltigkeit der x_1, x_2, x_3, sie stellt also willkürlich und einseitig nur einige Eigenschaften der Bewegung dar, während die Weltlinie sie *alle* vollständig zum Ausdruck bringt. Die Weltlinie ist eben eine Invariante, während ihre Projektionen in Raum und Zeit von der Wahl des Bezugssystems abhängen.

Die in bezug auf die allgemeine Relativität des Raumes angestellten Überlegungen lassen sich ohne weiteres übertragen auf die vierdimensionale Raum-Zeit-Mannigfaltigkeit; sie bleiben auch hier richtig, denn durch die Vermehrung der Zahl der Koordinaten um eine wird ja im Prinzip nichts geändert. In dieser Mannigfaltigkeit der x_1, x_2, x_3, x_4 stellt nun das System aller Weltlinien den zeitlichen Verlauf aller Vorgänge des Universums dar. Während eine Punkttransformation *im Raume allein* eine Deformation des Universums darstellte, also eine Lageänderung und Verzerrung der Körper, bedeutet eine Punkttransformation im vierdimensionalen Universum zugleich auch eine Änderung des *Bewegungszustandes* der dreidimensionalen Körperwelt, denn die Zeitkoordinate wird ja von der Transformation mit betroffen. Die für die vierdimensionalen Gestalten erhaltenen Resultate kann man sich stets wieder anschaulich machen, indem man sie als Bewegungen dreidimensionaler Gebilde auffaßt. Denken wir uns eine derartige durchgehende Veränderung im Universum vorgenommen, welche jeden physischen Punkt *so* an einem andern Raum-Zeit-Punkt bringt, daß seine neuen

Koordinaten x_1', x_2', x_3', x_4' ganz beliebige (nur stetige und eindeutige) Funktionen seiner vorigen Koordinaten x_1, x_2, x_3, x_4 sind, so ist wiederum die neue Welt von der alten physikalisch überhaupt gar nicht verschieden, die ganze Änderung ist weiter nichts als eine Transformation auf andere Koordinaten. Denn das durch unsere Apparate allein Beobachtbare, die raum-zeitlichen Koinzidenzen, bleibt ja erhalten. Zwei Punkte, die in dem einen Universum in dem Weltpunkt x_1, x_2, x_3, x_4 zusammenfielen, koinzidieren im andern in dem Weltpunkt x_1', x_2', x_3', x_4'; ihr Zusammenfallen — und weiter läßt sich ja nichts beobachten — findet in der zweiten Welt genau so gut statt, wie in der ersten.

Der Wunsch, in den Ausdruck der Naturgesetze nur physikalisch Beobachtbares aufzunehmen, führt mithin zu der Forderung, daß die Gleichungen der Physik ihre Form bei jener ganz beliebigen Transformation nicht ändern, daß sie also für *beliebige* Raum-Zeit-Koordinatensysteme gelten, mithin, mathematisch ausgedrückt, *allen* Substitutionen gegenüber „kovariant" sind. Diese Forderung enthält unser allgemeines Relativitätspostulat in sich, denn zu *allen* Substitutionen gehören natürlich auch die, welche Transformationen auf gänzlich beliebig bewegte dreidimensionale Koordinatensysteme darstellen — sie geht aber noch darüber hinaus, indem sie auch noch *innerhalb* dieser Koordinatensysteme die Relativität des Raumes in jenem allgemeinsten Sinne bestehen läßt, den wir so ausführlich besprochen haben. Auf diese Weise wird in der Tat, wie *Einstein* es ausdrückt, dem Raum und der Zeit „der letzte Rest physikalischer Gegenständlichkeit" genommen.

Wie oben erläutert, können wir die Lage eines Punktes in der Weise bestimmen, daß wir uns im Raume drei Scharen von Flächen gelegt denken, jeder Fläche innerhalb ihrer Schar eine bestimmte Zahl — einen Parameterwert — zuordnen und die Zahlen derjenigen drei Flächen, die sich in dem Punkte schneiden, als seine Koordinaten benutzen. Zwischen den so bestimmten (*Gauß*schen) Koordinaten bestehen dann im allgemeinen natürlich nicht die Beziehungen, welche für die gewöhnlichen Cartesischen Koordinaten der Euklidischen Geometrie gelten. Die Cartesische x-Koordinate eines Punktes stellt man z. B. in der Weise fest, daß man auf der x-Achse von ihrem Anfang bis zur Projektion des Punktes auf die Achse einen starren Einheitsmaßstab abträgt; dann gibt die Zahl der nötigen Abtragungen den Wert der Koordinate. Bei den neuen Koordinaten ist das anders (vgl. oben S. 56), denn der Wert eines Parameters ist dort nicht so ohne weiteres durch eine Anzahl von Abtragungen gegeben. Die x_1, x_2, x_3, x_4 der vierdimensionalen Welt müssen wir nun auch als Parameter ansehen, deren jeder einer Schar dreidimensionaler Mannigfaltigkeiten entspricht; von vier solchen Scharen ist das Raum-Zeit-Kontinuum durchzogen, und in jedem Weltpunkt schneiden sich vier dreidimensionale Kontinua, deren Parameter dann eben seine Koordinaten sind.

Wenn man nun bedenkt, daß prinzipiell eine ganz beliebige Einteilung des Kontinuums durch Flächenscharen zur Festlegung der Koordinaten soll dienen können — es sollen ja die physikalischen Gesetze *beliebigen* Transformationen gegenüber kovariant sein —, so scheint zunächst jeder feste Halt und alle Orientierung verloren zu sein. Man sieht auf den ersten Blick nicht, wie überhaupt noch Messungen möglich sind, wie man überhaupt dazu kommen kann, den neuen Koordinaten noch bestimmte Zahlenwerte beizulegen, selbst wenn diese keine unmittelbaren Meßresultate mehr sind. Ein Vergleichen von Maßstäben, ein Beobachten von Koinzidenzen wird, wie wir sahen, erst dadurch zu einer *Messung*, daß wir irgendeine Idee zugrunde legen, irgendeine physikalische Voraussetzung machen, oder vielmehr Festsetzung treffen, deren Wahl streng genommen in letzter Linie stets willkürlich bleibt, wenn sie uns auch durch die Erfahrung als die einfachste so nahe gelegt wird, daß wir praktisch nicht schwanken.

Es ist also hier nötig, eine Festsetzung zu treffen, und wir gelangen zu ihr durch eine Art Kontinuitätsprinzip auf folgende Weise. In der üblichen Physik pflegte man ohne weiteres anzunehmen, daß man von starren Maßstäben sprechen und sie mit gewisser Annäherung realisieren könne, deren Länge an jedem beliebigen Orte, in jeder Lage und Geschwindigkeit als ein und dieselbe Größe betrachtet werden darf. Schon durch die spezielle Relativitätstheorie wurde diese Annahme in gewisser Hinsicht eingeschränkt; nach ihr ist eine Stablänge im allgemeinen von der Geschwindigkeit seiner Bewegung relativ zum Beobachter abhängig, und das gleiche gilt von den Angaben einer Uhr. Die Vermittelung mit der alten Physik und gleichsam der kontinuierliche Übergang zu ihr ist nun dadurch hergestellt, daß die Änderungen der Längen- und Zeitangaben unmerklich klein werden, wenn die Geschwindigkeit nicht groß ist; für kleine Geschwindigkeiten (verglichen mit der des

Lichtes) kann man also die Annahmen der alten Theorie als zulässig betrachten. In der Tat muß die spezielle Relativitätstheorie ihre Gleichungen so einrichten, daß sie für geringe Geschwindigkeiten in die Gleichungen der gewöhnlichen Physik übergehen. In der allgemeinen Theorie ist nun die Relativität der Längen und Zeiten eine noch viel weitergehende; eine Stablänge wird in ihr z. B. auch vom Ort und von der Orientierung abhängen können. Um überhaupt einen Ausgangspunkt, ein $\Delta \acute{o} \varsigma\ \mu o\iota\ \pi o \tilde{v}\ \sigma \tau \tilde{\omega}$ zu gewinnen, werden wir nun natürlich die Kontinuität mit der bisher bewährten Physik aufrechterhalten und demgemäß annehmen, daß jene Relativität für ganz minimale Änderungen verschwindet. Wir werden also die Länge eines Stabes so lange als konstant betrachten, als sein Ort, seine Orientierung und seine Geschwindigkeit nur um ein geringes sich ändert — m. a. W., wir setzen fest, daß in unendlich kleinen Bereichen und in einem solchen Bezugssystem, in welchem die betrachteten Körper keine Beschleunigung besitzen, die spezielle Relativitätstheorie gilt. Da die spezielle Theorie sich der Euklidischen Maßbestimmungen bedient, so liegt darin die Annahme eingeschlossen, daß in bezug auf die gekennzeichneten Systeme die Euklidische Geometrie im unendlich Kleinen gültig bleiben soll. (Ein solcher „unendlich kleiner" Bereich kann immer noch groß sein im Vergleich mit den Dimensionen, die sonst für die Physik in Betracht kommen.) Die Gleichungen der allgemeinen Relativitätstheorie müssen für den angegebenen Spezialfall in diejenigen der speziellen Theorie übergehen. Damit ist nun eine Idee zugrunde gelegt, welche Messung ermöglicht, und wir haben die Voraussetzungen überschaut, von denen man zur Lösung der im allgemeinen Relativitätspostulat gestellten Aufgabe gelangen kann.

VIII. Aufstellung und Bedeutung des Grundgesetzes der neuen Theorie.

Gemäß den letzten Bemerkungen begeben wir uns ins unendlich Kleine und wählen dort ein dreidimensionales Euklidisches Koordinatensystem so, daß die zu betrachtenden Körper in bezug auf dieses keine merklichen Beschleunigungen besitzen. Diese Wahl kommt dann der Einführung eines bestimmten vierdimensionalen Koordinatensystems für das betreffende Gebiet gleich. Wir fassen nun in diesem Gebiete irgendein Punktereignis ins Auge, also einen Weltpunkt A des Raum-Zeit-Kontinuums, dessen Koordinaten in unserm lokalen System X_1, X_2, X_3, X_4 sein mögen, wo nun X_1, X_2, X_3 in der gewohnten Weise durch wiederholtes Anlegen eines kleinen Einheitsmaßstabes gemessen werden, und der Wert von X_4 durch Uhrenablesung bestimmt wird. Ein zeiträumlich unendlich benachbartes Punktereignis möge durch den Weltpunkt B repräsentiert werden, dessen Koordinaten sich von denen des Punktes A um die Werte dX_1, dX_2, dX_3, dX_4 unterscheiden. Der „Abstand" der beiden Weltpunkte ist dann gegeben durch die bekannte einfache Formel des Pythagoreischen Lehrsatzes

$$ds^2 = dX_1^2 + dX_2^2 + dX_3^2 - dX_4^2.$$

Dieser „Abstand", das Linienelement der die beiden Punkte A und B verbindenden Weltlinie, ist natürlich im allgemeinen keine Raumstrecke, sondern hat, da es eine Verbindung von Raum- und Zeitgrößen ist, die physikalische Bedeutung eines Bewegungsvorganges, wie wir uns das ja bei der Einführung des Weltlinienbegriffs klargemacht haben. Der Zahlenwert von ds ist immer derselbe, welche Orientierung auch das gewählte lokale Koordinatensystem haben möge.

(Die spezielle Relativitätstheorie gibt über die Bedeutung von ds näheren Aufschluß. Ist z. B. ds^2 negativ, so kann man, lehrt sie, es durch geeignete Wahl der Koordinatenrichtungen erreichen, daß d$s^2 = -$ dX_4^2 wird, während die drei andern dX verschwinden. Dann besteht also zwischen den beiden Weltpunkten kein Unterschied ihrer Raumkoordinaten, die ihnen entsprechenden Ereignisse finden mithin in jenem System an demselben Orte, aber mit der Zeitdifferenz dX_4 statt. Man nennt daher ds in diesem Falle „zeitartig". Dagegen nennt man es „raumartig", wenn ds^2 positiv ist; denn in diesem Falle lassen sich die Koordinatenrichtungen so wählen, daß dX_4 verschwindet, die beiden Punktereignisse finden dann also für dies System zur gleichen Zeit statt, und ds gibt ihre räumliche Entfernung an. d$s =$ o endlich bedeutet eine Bewegung mit Lichtgeschwindigkeit, wie man leicht sieht, wenn man für dX_4 seinen Wert $c \cdot dt$ einsetzt.)

Jetzt führen wir irgendwelche neuen Koordinaten x_1, x_2, x_3, x_4 ein, die ganz beliebige Funktionen der X_1, X_2, X_3, X_4 sein mögen; d. h. wir gehen von unserm lokalen System nunmehr zu einem beliebigen andern über. Dem „Abstand" der Punkte A und B entsprechen in diesem neuen Systeme gewisse Koordinatendifferenzen dx_1, dx_2, dx_3, dx_4, und die alten Koordinatendifferenzen dX lassen sich durch die neuen dx mit Hilfe elementarer

Formeln der Differentialrechnung ausdrücken[1]). Setzt man die so erhaltenen Ausdrücke der dX in die obige Formel für das Linienelement ein, so erhält man den Wert desselben in den neuen Koordinaten ausgedrückt in der Gestalt:

$$ds^2 = g_{11} dx_1^2 + g_{22} dx_2^2 + g_{33} dx_3^2 + g_{44} dx_4^2 + 2 g_{12} dx_1 dx_2$$
$$+ 2 g_{13} dx_1 dx_3 + 2 g_{14} dx_1 dx_4 + 2 g_{23} dx_2 dx_3 + 2 g_{24} dx_2 dx_4$$
$$+ 2 g_{34} dx_3 dx_4,$$

also eine Summe von 10 Gliedern, in der die 10 Größen g gewisse Funktionen der Koordinaten x sind[2]). Sie hängen nicht von der besonderen Wahl des lokalen Systems ab, denn der Wert von ds^2 war ja selber davon unabhängig.

Als *Riemann* und *Helmholtz* die dreidimensionalen nicht-Euklidischen Mannigfaltigkeiten untersuchten, sprachen sie von den im obigen Ausdruck für das Linienelement auftretenden Faktoren g als rein geometrischen Größen, durch welche die Maßeigenschaften des Raumes bestimmt würden. Sie wußten aber wohl, daß man von Messen und vom Raume ohne physikalische Voraussetzungen nicht gut reden kann. *Helmholtz'* Worte

---

[1]) Es ist nämlich

$$dX_1 = \frac{\partial X_1}{\partial x_1} dx_1 + \frac{\partial X_1}{\partial x_2} dx_2 + \frac{\partial X_1}{\partial x_3} dx_3 + \frac{\partial X_1}{\partial x_4} dx_4,$$

$$dX_2 = \frac{\partial X_2}{\partial x_1} dx_1 + \frac{\partial X_2}{\partial x_2} dx_2 + \frac{\partial X_2}{\partial x_3} dx_3 + \frac{\partial X_2}{\partial x_4} dx_4 \text{ usw.}$$

[2]) Es bedeutet nämlich, wie man durch Ausführung der beschriebenen Operationen leicht findet.

$$g_{11} = \left(\frac{\partial X_1}{\partial x_1}\right)^2 + \left(\frac{\partial X_2}{\partial x_1}\right)^2 + \left(\frac{\partial X_3}{\partial x_1}\right)^2 - \left(\frac{\partial X_4}{\partial x_1}\right)^2$$

$$g_{12} = \frac{\partial X_1}{\partial x_1}\frac{\partial X_1}{\partial x_2} + \frac{\partial X_2}{\partial x_1}\frac{\partial X_2}{\partial x_2} + \frac{\partial X_3}{\partial x_1}\frac{\partial X_3}{\partial x_2} - \frac{\partial X_4}{\partial x_1}\frac{\partial X_4}{\partial x_2} \text{ usw.}$$

haben wir oben bereits zitiert; hier sei nur noch auf die Ausführungen von *Riemann* am Schlusse seiner Habilitationsschrift hingewiesen (Werke S. 268). Er sagt dort, bei einer stetigen Mannigfaltigkeit sei das Prinzip der Maßverhältnisse nicht schon in dem Begriff dieser Mannigfaltigkeit enthalten, sondern es müsse „anderswoher hinzukommen", es sei in „bindenden Kräften" zu suchen, d. h. der Grund der Maßverhältnisse muß physikalischer Natur sein. Wir wissen ja: Betrachtungen der metrischen Geometrie werden erst sinnvoll, wenn man die Beziehungen zur Physik nicht aus den Augen verliert. Jene g gestatten also nicht nur, sondern fordern direkt eine physikalische Interpretation. In *Einsteins* allgemeiner Relativitätstheorie erhalten sie eine solche ohne weiteres.

Um nämlich die Bedeutung der g zu erkennen, brauchen wir uns nur den physikalischen Sinn der soeben besprochenen Transformation von dem lokalen System auf das allgemeine zu vergegenwärtigen. Das erstere war dadurch definiert, daß ein sich selbst überlassener materieller Punkt sich im Raume der X_1, X_2, X_3 geradlinig-gleichförmig bewegen sollte; seine Weltlinie — d. h. das Gesetz seiner Bewegung — ist also eine vierdimensionale Gerade[1]), deren Linienelement gegeben ist durch

$$ds^2 = dX_1^2 + dX_2^2 + dX_3^2 - dX_4^2.$$

Transformieren wir nun auf die neuen Koordinaten x_1, x_2, x_3, x_4, so heißt dies: wir betrachten denselben Vorgang, dieselbe Bewegung des Punktes von irgendeinem

---

[1]) Ihre Gleichung, als Gleichung der kürzesten (geodätischen) Linie, lautet: $\delta(\int ds) = 0$.

anderen System aus, in bezug auf welches das lokale sich natürlich in irgendeinem Beschleunigungszustand befindet. In dem Raume der x_1, x_2, x_3 bewegt sich daher der Punkt krummlinig und ungleichförmig; die Gleichung seiner Weltlinie, d. h. sein Bewegungsgesetz, ändert sich insofern, als ihr Linienelement, in den neuen Koordinaten ausgedrückt, nunmehr gegeben ist durch

$$ds^2 = g_{11}\, dx_1^2 + \ldots + 2\, g_{12}\, dx_1\, dx_2 + \ldots$$

Nun entsinnen wir uns des „Äquivalenzprinzips" (S. 50). Nach ihm ist die Aussage „ein sich selbst überlassener Punkt bewegt sich mit gewissen Beschleunigungen" identisch mit der Aussage „der Punkt bewegt sich unter dem Einfluß eines Gravitationsfeldes". In den neuen Koordinaten stellt also die Gleichung der Weltlinie die Bewegung eines Punktes im Gravitationsfelde dar; die Faktoren g sind mithin die Größen, durch welche dieses Feld bestimmt ist. Sie spielen, wie man sieht, eine analoge Rolle wie das Gravitationspotential in der *Newton*schen Theorie, und man kann sie daher auch als die 10 Komponenten des Gravitationspotentials bezeichnen.

Die Weltlinie des Punktes, die für das lokale System eine Gerade war, also die kürzeste Verbindungslinie zwischen zwei Weltpunkten, stellt in dem neuen System der $x_1 \ldots x_4$ gleichfalls eine kürzeste Linie dar, denn die Definition der geodätischen Linie ist unabhängig vom Koordinatensystem. Dürften wir nun den Bereich des „lokalen" Systems wirklich nur als unendlich klein ansehen, so schrumpfte die ganze Weltlinie in ihm auf ein Element ds zusammen, unsere eben angestellte Betrachtung würde sinnlos, und man könnte nichts weiter schließen. Da aber das *Galilei*sche Trägheitsgesetz und die spezielle Relativitätstheorie sich in der Erfahrung in so weiten Grenzen bewährt haben, so ist klar, daß es tatsächlich endliche Bereiche geben kann, für die bei passender Wahl des Bezugssystems $ds^2 = dX_1^2 + dX_2^2 + dX_3^2 - dX_4^2$ ist: nämlich solche Teile der Welt, in denen bei jener Wahl kein merklicher Einfluß gravitierender Materie besteht. In ihnen ist die Weltlinie für jenes System eine Gerade, mithin für beliebige Systeme eine geodätische Linie. Und nun stützen wir uns wieder auf das Kontinuitätsprinzip (nach welchem die neuen Gesetze so anzunehmen sind, daß sie die alten möglichst unverändert in sich enthalten und im Grenzfall in sie übergehen) und machen also die Hypothese, daß die so gewonnene Beziehung ganz allgemein für *jede* Bewegung eines Punktes unter dem Einfluß von Trägheit und Schwere gilt, daß also auch bei Anwesenheit von Materie seine Weltlinie stets eine geodätische Linie sei. Damit ist dann das gesuchte Grundgesetz gefunden. Während das Trägheitsgesetz von *Galilei* und *Newton* lautet: „Ein kräftefreier Punkt bewegt sich geradlinig-gleichförmig", lautet das *Einstein*sche Gesetz, welches Trägheits- und Gravitationswirkungen in sich begreift: „Die Weltlinie eines materiellen Punktes ist eine geodätische Linie im Raum-Zeit-Kontinuum." Dieses Gesetz erfüllt die Bedingung der allgemeinen Relativität, denn es ist beliebigen Transformationen gegenüber kovariant, weil die geodätische Linie unabhängig vom Bezugssystem definiert ist.

In der Formulierung des Grundgesetzes wird der Unterschied recht deutlich, der zwischen der *Newton*schen und der *Einstein*schen Auffassung der Gravitationswirkungen besteht. Nach *Newton* stellen sie wirkliche Kräfte dar, durch die ein Körper aus seiner „natürlichen" Bahn, der geradlinig-gleichförmigen Trägheitsbewegung, herausgezogen wird. Nach *Einstein* aber ist die Bewegung eines Körpers im Gravitationsfelde selbst die „natürliche", völlig kräftefreie, denn er bleibt ja einfach auf der geradesten Weltlinie.

Es mag gestattet sein, den Unterschied beider Erklärungsarten durch einen Vergleich zu veranschaulichen, dessen sich *F. A. Lindemann* (Oxford) im Vorwort zur englischen Ausgabe dieses Büchleins bedient hat (in etwas veränderter Fassung). Jemand mache auf einem Billardtisch die Beobachtung, daß die auf dem Tische laufenden Kugeln nach einem bestimmten Punkte des Tisches hin abgelenkt werden, wenn sie in seine Nähe kommen, so daß ihre Bahn in der Nähe jenes Punktes sich krümmt, und zwar um so stärker, je langsamer die Kugel läuft. — Wenn der Beobachter ein so großes Zutrauen zu dem Billardfabrikanten hat, daß ihm nicht der geringste Zweifel an der vollkommenen Ebenheit des Tisches aufsteigt, so wird er annehmen, daß an der fraglichen Stelle des Tisches ein verborgenes Kraftzentrum sich befindet, das die Kugeln zu dem Punkt hinzieht. Wenn er nun aber weiter beobachtet, daß alle Kugeln, mit denen er experimentiert, genau das gleiche Verhalten zeigen, mögen sie nun aus Holz, Eisen, Elfenbein oder einem anderen Stoffe bestehen, so wird er schließlich den Glauben an eine versteckte Anziehungskraft, die ganz unabhängig vom Material wirken soll, nicht aufrecht erhalten und wird schließlich auf den Gedanken kommen, daß die Tischplatte an jener Stelle doch wohl nicht eben sei, sondern eine kleine

Einsenkung besitze, deren Vorhandensein nun das Verhalten der Kugeln aufs einfachste erklärt. — Die Schlußweise des gedachten Experimentators ist ganz analog dem Gedanken *Einsteins*, der gleichfalls den Glauben an besondere Gravitationskräfte aufgab und statt ihrer die „Krümmung" des Raumes als Erklärungsprinzip einführte.

Noch einmal sei hervorgehoben, daß die Koordinaten $x_1 .. x_4$ Zahlenwerte sind, welche Ort und Zeit bestimmen, nicht aber die Bedeutung von auf gewöhnlichem Wege meßbaren Strecken und Zeiten haben. Das „Linienelement" ds dagegen hat unmittelbar physikalischen Sinn und läßt sich direkt durch Maßstäbe und Uhren ermitteln. Es ist ja definitionsgemäß vom Koordinatensystem unabhängig; wir brauchen uns also nur in das lokale System der $X_1 .. X_4$ zu begeben, und der darin für ds ermittelte Wert gilt dann allgemein.

Damit sind diejenigen Schritte vollzogen, die von allgemeiner erkenntnistheoretischer Bedeutung und für die Auffassung von Raum und Zeit in der neuen Lehre grundlegend sind, und die uns hier interessieren. Für *Einstein* waren sie nur die Vorbereitung zu der physikalischen Aufgabe, die Größen g nun wirklich zu ermitteln, d. h. ihre Abhängigkeit von der Verteilung und Bewegung der gravitierenden Massen aufzufinden. Gemäß dem Kontinuitätsprinzip schließt sich *Einstein* dabei wieder an die Ergebnisse der speziellen Relativitätstheorie an. Diese hatte gelehrt (siehe oben S. 23), daß nicht nur der Materie im üblichen Sinne, sondern jeder Energie schwere Masse zugeschrieben werden muß, daß die träge Masse überhaupt mit Energie identisch ist. Also nicht die „Massen", sondern die Energien[1]) mußten in den Differentialgleichungen für die g figurieren. Die Gleichungen müssen natürlich beliebigen Substitutionen gegenüber kovariant sein. Außer diesen Ansätzen, die vom Standpunkt der Theorie sich eigentlich von selbst verstehen, machte *Einstein* bloß noch die Annahme, daß die Differentialgleichungen von zweiter Ordnung seien; hierbei diente als Fingerzeig der Umstand, daß das alte *Newton*sche Potential einer ebensolchen Differentialgleichung genügt. Auf diesem Wege wird man zu ganz bestimmten Gleichungen für die g geführt, und mit ihrer Aufstellung ist das Problem gelöst.

Man sieht also: von jener letzterwähnten rein formalen Analogie abgesehen, erhebt die gesamte Theorie sich auf Grundlagen, die mit der alten *Newton*schen Gravitationslehre nicht das geringste zu tun haben; sie wird vielmehr ganz allein aus dem Postulat der allgemeinen Relativität und den bekannten Ergebnissen der (durch das spezielle Relativitätsprinzip geformten) Physik entwickelt. Um so überraschender ist es, daß nun jene auf so ganz anderem Wege erhaltenen Gleichungen tatsächlich in erster Näherung die *Newton*sche Formel für die allgemeine Massenanziehung ergeben. Dies ist allein schon eine so vortreffliche Bestätigung der Gedankengänge, daß sie das allerhöchste Vertrauen zu ihrer Richtigkeit erwecken muß. Aber bekanntlich geht die Leistung der neuen Theorie noch weiter: verfolgt man nämlich die Gleichungen bis zur zweiten Näherung, so geben sie ganz von selbst, ohne irgend-

---

[1]) Sie werden in der speziellen Relativitätstheorie durch die Komponenten eines vierdimensionalen „Tensors", des Impuls-Energie-Tensors, dargestellt.

welche Hilfsannahmen, die restlose, quantitativ genaue Erklärung der Anomalie der Perihelbewegung des Merkur, einer Erscheinung, welcher die *Newton*sche Theorie nur mit Hilfe ad hoc eingeführter Hypothesen ziemlich willkürlicher Natur gerecht werden konnte. Das sind erstaunliche Erfolge, deren Tragweite nicht leicht überschätzt werden kann, und jeder wird gerne zugeben, daß *Einstein* vollständig recht hat, wenn er (am Schluß des § 14 seiner Schrift „Die Grundlage der allgemeinen Relativitätstheorie") sagt: „Daß diese aus der Forderung der allgemeinen Relativität auf rein mathematischem Wege fließenden Gleichungen... in erster Näherung das *Newton*sche Attraktionsgesetz, in zweiter Näherung die Erklärung der von *Leverrier* entdeckten... Perihelbewegung des Merkurs liefern, muß nach meiner Ansicht von der physikalischen Richtigkeit der Theorie überzeugen."

Das neue Grundgesetz hat vor der *Newton*schen Attraktionsformel ferner den Vorzug, daß es ein Differentialgesetz ist, d. h. nach ihm hängen die Vorgänge in einem Raum- und Zeitpunkt unmittelbar nur ab von den Vorgängen der unendlich benachbarten Punkte, während in der *Newton*schen Formel die Gravitation ja als eine Fernkraft auftritt. Es bedeutet entschieden eine beträchtliche Vereinfachung des Weltbildes und folglich einen erkenntnistheoretischen Fortschritt wenn nunmehr mit der Gravitation die letzte Fernwirkung aus der Physik verbannt und alle Gesetze des Geschehens allein durch Differentialgleichungen ausgedrückt werden.

Natürlich müssen auch alle andern Naturgesetze eine Formulierung erhalten, die gegenüber beliebigen Transformationen kovariant ist. Der Weg dazu ist durch die spezielle Relativitätstheorie und das Kontinuitätsprinzip vorgezeichnet und auch von *Einstein* und andern bereits beschritten worden. Vor allem kommt hier die Elektrodynamik in Betracht, von der zu hoffen ist, daß sie im Verein mit der Gravitationstheorie zum Aufbau eines lückenlosen Systems der Physik hinreichend sein wird. Es ist die große Zukunftsaufgabe der Physik, auch die Elektrodynamik und die Gravitationstheorie durch ein gemeinsames Gesetz zusammenzufassen und dadurch beide Gebiete zu einer einzigen einheitlichen Theorie zu verschmelzen. Die bisher in dieser Richtung gemachten Versuche — der interessanteste und bedeutsamste stammt von *H. Weyl* — können noch nicht als geglückt betrachtet werden; vor allem wohl, weil es noch an Erfahrungstatsachen fehlt, welche elektrische und Gravitationserscheinungen miteinander verknüpfen.

Außer der vorhin erwähnten astronomischen Bestätigung gibt es noch andere Möglichkeiten einer Prüfung der Theorie durch die Beobachtung, denn es muß nach ihr in sehr starken Gravitationsfeldern 1. eine immerhin wohl merkliche Verlängerung der Schwingungsdauer des Lichtes und 2. eine Krümmung der Lichtstrahlen stattfinden (letztere sind die geodätischen Linien $ds = 0$).

Über die Realität des ersten Effektes, der sich in einer Verschiebung der Spektrallinien nach dem roten Ende des Spektrums von Sternen sehr großer Masse äußern muß, sind die Akten noch nicht geschlossen. Während einige ihn mit Sicherheit festgestellt zu haben glauben, zweifeln andre an seiner Realität. Die Beobachtungen des neuen *Einstein*-Instituts in Potsdam werden hoffentlich in absehbarer Zeit volle Aufklärung bringen. Der zweite Effekt aber, die Ablenkung des Lichtes durch die Gravitation, ist im Jahre 1919 mit Sicherheit aufgefunden worden, und zwar bei Gelegenheit der totalen Sonnenfinsternis vom 29. Mai. Das Licht eines Sternes nämlich, das auf dem Wege zur Erde dicht an der Sonne vorüberstreicht, wird durch ihr starkes Schwerefeld abgelenkt, und das muß sich in einer scheinbaren Verschiebung des Sternes zeigen. Da nun die in der Nähe der Sonne befindlichen Sterne bekanntlich nur bei einer Sonnenfinsternis für unser Auge (oder für die photographische Platte) sichtbar werden, so mußte man den Eintritt einer solchen abwarten, um diese Konsequenz der Theorie prüfen zu können. Von England wurden zwei Expeditionen zur Beobachtung der Finsternis ausgesandt, und es gelang ihnen festzustellen, daß die von *Einstein* prophezeite scheinbare Änderung der Sternörter tatsächlich vorhanden war, und zwar ziemlich genau in dem von ihm vorausberechneten Betrage. Diese Bestätigung ist gewiß einer der glänzendsten Triumphe des menschlichen Geistes und übertrifft an theoretischer Bedeutung noch die berühmte Errechnung des Planeten Neptun durch *Leverrier* und *Adams*. Die allgemeine Relativitätstheorie hat damit härteste Proben bestanden; die wissenschaftliche Welt beugt sich vor der siegenden Kraft, mit der die Richtigkeit ihres physikalischen Gehalts und die Wahrheit ihrer erkenntnistheoretischen Grundlagen sich in der Erfahrung bewährt.

Alle Einwände rein gedanklicher Natur, die man gegen die Relativitätslehre erheben zu müssen glaubte, beruhen auf Mißverständnissen der Theorie. Zu irrtümlichen Auffassungen gab besonders die relativistische Auffassung der *Rotation* Anlaß, die deshalb hier noch kurz gestreift werden möge.

In der allgemeinen Theorie hängt die Lichtgeschwindigkeit c vom Gravitationsfeld ab, ist also mit dem Orte veränderlich. Da die spezielle Theorie in kleinen Bezirken ihre Gültigkeit behält, so gilt natürlich stets, daß die Geschwindigkeit eines Körpers an keinem Orte den Wert der Lichtgeschwindigkeit daselbst erreichen kann. Wenn wir aber nun z. B. die Erde als ruhend betrachten, dann bewegen sich doch, so hat man eingeworfen, schon die allernächsten Fixsterne in bezug auf ein mit der Erde fest verbundenes Achsensystem mit einer Geschwindigkeit, die viel größer ist als die des Lichtes — folglich ist das mit der Erde rotierende Koordinatensystem als Bezugssystem unmöglich!

Dieser Einwand verstößt so sehr gegen die Grundlagen der relativistischen Denkweise, daß gerade durch seine Widerlegung besonders helles Licht auf sie fällt. Er setzt nämlich ganz unbefangen ein gewöhnliches Euklidisches Koordinatensystem voraus, obwohl die Notwendigkeit der Einführung nicht-Euklidischer Geometrie doch gerade eins der wesentlichsten Ergebnisse war. Betrachtet man die Erde als ruhend, so ist wegen des rotierenden Fixsternsystems bereits in relativ geringer Entfernung von der Drehachse eine starke Abweichung des Raumes von der Euklidischen Struktur vorhanden, die nach außen rapide zunimmt. Der unlösbare Zusammenhang zwischen Physik und Geometrie, welcher einen integrierenden Bestandteil der Theorie bildet, wird vollkommen außer acht gelassen, wenn man glaubt, etwa von einem Koordinatensystem sprechen zu dürfen, das aus drei zueinander senkrechten sich in beliebige Entfernungen erstreckenden Euklidischen Geraden gebildet ist. Linien und „Gerade" lassen sich ja nur in bezug auf physikalische Gegebenheiten definieren, und als Koordinatensystem kommt nur ein Gebilde in Betracht, das irgendwie physisch realisiert gedacht werden kann. Denkt man sich z. B. auf dem Nordpol der Erde einen Leuchtturm aufgestellt, der einen Lichtstrahl in der Richtung der Erdachse nach oben und ferner zwei zueinander senkrechte Strahlen in horizontaler Richtung aussendet, so bilden diese drei Strahlen gleichsam ein physisches rechtwinkliges Koordinatensystem, das relativ zur Erde ruht und nun in der Tat in beliebiger Ausdehnung der Beschreibung aller Bewegungen in der Welt zugrunde gelegt werden kann, wobei nicht zu vergessen ist, daß die vier Koordinaten sich nicht reinlich in Raum- und in Zeitkoordinaten sondern lassen. Man sieht leicht, daß die beiden geradesten Linien, die von den Bahnen der horizontalen Lichtstrahlen gebildet werden, sich gleichsam spiralförmig aufrollen, und zwar so, daß sich die Windungen der Spiralen nach außen hin immer enger aneinanderschließen. In bezug auf dies System nähert sich die Geschwindigkeit der fernsten Sterne der Lichtgeschwindigkeit, ohne sie je zu erreichen. Ihre Überschreitung ist auch in der allgemeinen Theorie vollständig ausgeschlossen. So ist die Erddrehung relativiert, wie denn alle überhaupt möglichen Bewegungen physikalischer Gebilde in der Theorie zueinander relativ sind. Die Forderung aber, alle realen Bewegungen als relativ zu einem beliebigen fingierten Euklidischen System zu betrachten, widerspricht dem Geist der Theorie ebenso sehr, als wenn man etwa ein translatorisch zur Erde mit Überlichtgeschwindigkeit bewegt gedachtes Koordinatensystem für berechtigt erklären wollte.

Die Behauptung der allgemeinen Relativität aller Bewegungen und Beschleunigungen ist gleichbedeutend mit der Behauptung der physikalischen Gegenstandslosigkeit von Raum und Zeit. Mit dem einen wird auch das andere verbürgt. Raum und Zeit sind nichts für sich Meßbares, sie bilden nur ein Ordnungsschema, in welches wir die physikalischen Vorgänge einordnen. Wir können es im Prinzip beliebig wählen, richten es aber so ein, daß es sich den Vorgängen möglichst anschmiegt (so daß z. B. die „geodätischen Linien" des Ordnungssystems eine physikalisch besonders ausgezeichnete Rolle spielen), dann erhalten wir für die Naturgesetze die einfachste Formulierung. Eine Ordnung ist nichts Selbständiges, sie hat Realität nur an den geordneten Dingen. Hatte *Minkowski* als Ergebnis der speziellen Relativitätstheorie in prägnanter Formulierung den Satz aufgestellt, Raum und Zeit für sich sänken völlig zu Schatten herab, und nur noch eine unauflösliche Union der beiden bewahre Selbständigkeit, so dürfen wir auf Grund der allgemeinen Relativitätstheorie nunmehr sagen, daß auch diese Union für sich noch zum Schatten, zur Abstraktion geworden ist, und daß nur noch die Einheit von Raum, Zeit und Dingen zusammen eine selbständige Wirklichkeit besitzt.

IX. Die Endlichkeit der Welt.

Bei *Newton*, und überhaupt in der vor-*Einstein*schen Physik, spielte der Raum der Materie gegenüber eine durchaus selbständige Rolle. Wie ein Gefäß auch ohne Inhalt existieren und seine Form behalten kann, so sollte der Raum seine Eigenschaften bewahren, ob er nun mit Materie „erfüllt" ist oder nicht. Diese Auffassung hat uns die allgemeine Relativitätstheorie als grundlos und irreführend kennen gelehrt. Es ist vielmehr nach ihr „Raum" nur möglich, wenn Materie vorhanden ist, welche seine physikalischen Qualitäten bestimmt.

Daß die aus der allgemeinen Relativitätstheorie hervorgehende Anschauung die einzig berechtigte ist, wird bestätigt, wenn man sich der kosmologischen Frage nach dem Bau des Weltalls als Ganzes zuwendet. Hier war man schon früher auf gewisse Schwierigkeiten gestoßen, welche die Unhaltbarkeit der *Newton*schen Kosmologie vor Augen führten; aber niemand war auf den Gedanken gekommen, es möchte die *Newton*sche Raumlehre für diese Schwierigkeiten mit verantwortlich zu machen sein. Die Relativitätstheorie gibt eine überraschende und wundersame Auflösung der Unstimmigkeiten, die von höchster Bedeutung für unser Weltbild ist.

Die Alten glaubten im allgemeinen, unser Kosmos sei durch eine mächtige Sphäre begrenzt, an welcher sie sich irgendwie die Fixsterne angeheftet dachten. Und selbst *Kopernikus* zerstörte diesen Glauben nicht. Er hatte zwar die Sonne in den Mittelpunkt des um sie bewegten Planetensystems gesetzt und die Erde als einen von vielen Planeten erkannt, aber noch nicht die Sonne als einen von vielen Fixsternen. Dieser naiven Anschauung gegenüber mußte es als eine erhebende Bereicherung des Weltbildes empfunden werden, als

Giordano Bruno die Lehre von der Unendlichkeit der Welten aufstellte. Berauschend war die Vorstellung, daß die zahllosen Fixsterne auch Sonnen ähnlich der unsrigen sind und frei im Raume schweben, daß der Raum sich ins Unendliche dehne, durch keine feste Sphäre umgrenzt, durch keine „Schale von Kristall" eingeschlossen. In begeisterten Versen preist *Bruno* die Befreiung des Geistes, die dieser Ausweitung des Weltsystems zu danken ist:

> Die Schwingen darf ich selbstgewiß entfalten,
> Nicht fürcht' ich ein Gewölbe von Kristall,
> Wenn ich des Äthers blauen Duft zerteile
> Und zu den Sternenwelten aufwärts eile,
> Tief unten lassend diesen Erdenball
> Und alle niedern Triebe, die hier walten.

Bis in unsere Tage ist die hier geschilderte Vorstellung vom Weltganzen die herrschende. Die ästhetisch reizvollste und philosophisch am meisten befriedigende Art, den Kosmos auszumalen, bestand sicherlich darin, in dem unendlichen Raume auch die materielle Welt unendlich ausgedehnt zu denken: ein Wanderer ins Unendliche begegnet auf seinem Wege in alle Ewigkeit neuen und neuen Sternen, ohne jemals das Reich der Gestirne zu durchmessen und zu erschöpfen. Wohl sind die Sterne im Weltall äußerst sparsam gesät: auf ein großes Volumen des Raumes kommt nur eine verhältnismäßig geringe Menge von Materie, aber ihre *durchschnittliche* Dichte soll überall dieselbe sein und auch im Unendlichen nicht Null werden. Wenn ich also die in irgend einem großen Volumen des Weltraums befindliche Masse betrachte und durch die Größe dieses Volumens dividiere, so erhalte ich, wenn ich das Volumen größer und größer wähle, für die mittlere Massendichte einen konstanten endlichen Wert. Das Bild einer solchen Welt wäre naturphilosophisch höchst befriedigend; sie hätte weder Anfang noch Ende, keinen Mittelpunkt und keine Grenzen, der Raum wäre nirgends leer.

Mit der beschriebenen Anschauung ist aber die *Newton*sche Himmelsmechanik *unverträglich*. Wenn man nämlich die strenge Gültigkeit der *Newton*schen Gravitationsformel voraussetzt, wonach alle Massen eine dem Quadrat der Entfernung umgekehrt proportionale Anziehungskraft aufeinander ausüben, so ergibt die Rechnung, daß die Wirkungen der nach jener Anschauung in unendlichen Entfernungen vorhandenen unendlich vielen Massen auf einen Punkt sich nicht so summieren, daß eine bestimmte endliche Gravitationskraft in jenem Punkte resultiert, sondern man erhält unendliche und unbestimmte Werte dafür.

Nach *Einstein* läßt sich das ganz elementar auf folgende Weise zeigen. Ist ϱ die durchschnittliche Dichte der Materie der Welt, so ist die in einer großen Kugel vom Radius R enthaltene Menge der Materie gleich $\tfrac{4}{3}\pi\varrho R^3$. Ebenso groß ist (nach einem bekannten Satz der Potentialtheorie) die Zahl der „Kraftlinien" der Gravitation, welche durch die Oberfläche der Kugel hindurchgehen. Die Größe dieser Fläche ist $4\pi R^2$, auf die Flächeneinheit kommen also $\tfrac{1}{3}\varrho R$ Kraftlinien. Diese Zahl gibt aber die Größe der Kraft an, die durch die Gravitationswirkung des Kugelinhalts an einem Punkte der Oberfläche erzeugt wird, und sie wird unendlich, wenn R über alle Grenzen wächst.

Da dies nun unmöglich ist, so kann in der *Newton*schen Theorie die Welt nicht so beschaffen sein, wie es eben ausgemalt wurde; das Gravitationspotential muß vielmehr im Unendlichen gleich Null sein, und der Kosmos muß eine endliche Insel darstellen, die rings vom unendlichen „leeren Raum" umgeben ist; die mittlere Dichte der Materie wäre unendlich klein.

Solch ein Weltbild wäre aber nun im höchsten Grade unbefriedigend. Die Energie des Weltalls würde ständig abnehmen, weil sich die Strahlung ins Unendliche verlöre, und auch die Materie müßte sich zerstreuen; nach einer gewissen Zeit wäre die Welt ruhmlos erstorben.

Diese höchst unbequemen Folgerungen sind mit *Newtons* Theorie unlösbar verknüpft. Der Astronom *von Seeliger*, der die Mängel in ihrer ganzen Tragweite aufdeckte, suchte ihnen zu entrinnen, indem er annahm, die Anziehungskraft zweier Massen nehme mit der Entfernung stärker ab, als es nach dem *Newton*schen Gesetze der Fall sein sollte. Mit Hilfe dieser Hypothese gelingt es in der Tat, jene Vorstellung einer unendlich ausgedehnten, den gesamten Raum mit konstanter mittlerer Dichte erfüllenden unvergänglichen Welt vollständig widerspruchslos aufrecht zu erhalten. Sie ist aber insofern unbefriedigend, als sie ad hoc ersonnen, nicht durch irgendwelche andern Erfahrungen veranlaßt oder gestützt wurde.

So erlangt die Frage höchstes Interesse, ob es nicht möglich ist, das kosmologische Problem auf einem neuen Wege zu lösen, der in jeder Hinsicht restlos befriedigt. Es drängt sich die Vermutung auf, daß die allgemeine Relativitätstheorie hierzu imstande sein möchte, denn erstens gibt sie uns über das Wesen der Gravitation Aufschluß, und das *Newton*sche Gesetz stellt in ihr nur eine Näherung dar, zweitens aber läßt sie auch das

Raumproblem in einem ganz neuen Lichte erscheinen, Man darf also hoffen, daß sie uns über die Frage nach der Unendlichkeit der Welt im Raume wichtige Kunde wird geben können.

Als *Einstein* untersuchte, ob seine Theorie mit der Annahme einer unendlichen Welt von durchschnittlich gleichmäßiger Dichte der Sternverteilung besser in Einklang zu bringen sei als *Newtons* Theorie, erfuhr er zunächst eine Enttäuschung. Es zeigte sich nämlich, daß ein Weltbau von der erhofften Art mit der neuen Mechanik genau so wenig vereinbar ist wie mit der *Newton*schen.

Wie wir wissen, ist der Raum der neuen Gravitationstheorie nicht Euklidisch konstituiert, sondern weicht, in seinen Maßverhältnissen der Verteilung der Materie sich anschmiegend, vom Euklidischen Bau etwas ab. Wäre es möglich, daß entsprechend dem Weltbild des *Giordano Bruno* eine bis ins Unendliche im Mittel gleichmäßige Sternverteilung herrschte, so könnte trotz der Abweichungen im einzelnen der Raum im ganzen und groben doch als Euklidisch angesehen werden, so wie ich die Decke meines Zimmers als eben betrachten kann, indem ich von den kleinen Rauhigkeiten ihrer Fläche abstrahiere. Die Durchführung der Rechnung zeigt nun, daß eine solche Struktur des Raumes — *Einstein* nennt sie „quasi-Euklidisch" — in der allgemeinen Relativitätstheorie *nicht* möglich ist. Nach ihr ergibt sich vielmehr die mittlere Dichte der Materie im unendlichen quasi-Euklidischen Raum notwendig gleich Null; d. h. wir kommen wieder auf das bereits besprochene Weltsystem zurück, welches aus einer endlichen Ansammlung von Materie im sonst leeren unendlichen Raum bestände.

War diese Anschauung schon in der *Newton*schen Theorie unbefriedigend, so ist sie es für die Relativitätstheorie in noch höherem Maße. Die oben geltend gemachten Bedenken bleiben bestehen, und es treten noch neue hinzu. Versucht man nämlich diejenigen mathematischen Grenzbedingungen für die Größen g im Unendlichen ausfindig zu machen, die diesem Fall entsprechen, so kann man das mit *Einstein* im wesentlichen auf zwei Wegen probieren. Man könnte erstens daran denken, den g dieselben Grenzwerte zu erteilen, die man bei der rechnerischen Behandlung der Planetenbewegung n für sie im Unendlichen anzusetzen hat. Für das Planetensystem ist ein gewisser Ansatz ($g_{11} = g_{22} = g_{33} = -1$, $g_{44} = +1$, die übrigen $g = 0$) zulässig, weil man sich in sehr großer Ferne noch das Fixsternsystem hinzuzudenken hat; aber die Übertragung auf die gesamte Welt ist in doppelter Hinsicht unvereinbar mit den Grundgedanken der Relativitätstheorie. Einmal nämlich würde dazu eine ganz bestimmte Wahl des Bezugssystems erforderlich sein, und dann wäre die träge Masse eines Körpers entgegen unseren Voraussetzungen nicht mehr allein durch die Anwesenheit anderer Körper bedingt, sondern ein materieller Punkt würde auch dann noch träge Masse besitzen, wenn er sich in unendlicher Entfernung von anderen Körpern oder ganz allein im Weltraum befände. Das widerspricht dem Sinne des allgemeinen Relativitätsprinzips, und wir erkennen, daß nur solche Lösungen in Betracht kommen, bei welchen die Trägheit eines Körpers im Unendlichen verschwindet.

Einstein zeigte nun (und das schien der zweite Weg zu sein), daß sich zwar Grenzbedingungen für die g im

Unendlichen denken ließen, welche die letzte Forderung erfüllen und daß das so entstehende Weltbild vor dem *Newton*schen sogar den Vorzug hätte, daß in ihm kein Stern und kein Strahl sich ins Unendliche entfernen könnte, sondern schließlich zum System zurückkehren müßte — aber er zeigte zugleich, daß solche Grenzbedingungen schlechthin unvereinbar sind mit dem tatsächlichen Zustande des Sternsystems, wie er erfahrungsgemäß besteht. Die Gravitationspotentiale müßten nämlich im Unendlichen über alle Grenzen wachsen, es müßten sehr große relative Sterngeschwindigkeiten vorkommen — in Wirklichkeit aber sehen wir, daß die Bewegungen aller Sterne im Vergleich zur Lichtgeschwindigkeit äußerst langsam erfolgen. Die Tatsache der geringen Sterngeschwindigkeiten ist überhaupt die auffallendste allgemeine Eigentümlichkeit des Sternsystems, die sich unserer Beobachtung darbietet und kosmologischen Betrachtungen zugrunde gelegt werden kann. Vermöge dieser Eigenschaft dürfen wir die Materie des Kosmos in erster Näherung unbedenklich als ruhend ansehen (bei passend gewähltem Bezugssystem), und die Rechnungen bauen sich denn auch auf dieser Voraussetzung auf.

Also auch der zweite Weg führt nicht zum Ziele; es ergibt sich mithin, daß nach der Relativitätstheorie die Welt nicht wohl ein endlicher Sternkomplex im unendlichen Raume sein kann, und damit fällt nach dem Gesagten die Möglichkeit dahin, den Raum als quasi-Euklidisch zu betrachten. Aber welche Möglichkeit bleibt denn nun?

Zuerst schien es, als wenn die Theorie die Antwort schuldig bleiben müßte; bald aber entdeckte *Einstein*, daß seine ursprünglichen Gravitationsgleichungen noch einer kleinen Verallgemeinerung fähig seien. Nach Einführung dieser kleinen Erweiterung der Formeln hat die allgemeine Relativitätstheorie den ungeheuren Vorzug, daß sie auf unsere Frage eine eindeutige Antwort zu geben vermag, während die bisherige *Newton*sche Theorie uns ganz im ungewissen ließ und uns höchstens durch neue unbestätigte Hypothesen vor der Annahme eines höchst unerwünschten Weltbildes retten konnte.

Nehmen wir die Materie der Welt wieder mit völlig gleichmäßiger Dichte verteilt und ruhend an, so lehrt uns nämlich nunmehr die Rechnung zwingend, daß der Raum *sphärische* Struktur haben muß. (Daneben besteht theoretisch noch die Möglichkeit einer „elliptischen" Konstitution, doch ist dieser Fall mehr von mathematischem als von rein physikalischem Interesse.) Da die Materie in Wirklichkeit den Raum nicht gleichmäßig erfüllt und nicht in Ruhe ist, sondern nach unserer Annahme nur *im Durchschnitt* überall die gleiche Verteilungsdichte aufweist, so müssen wir den Raum in Wahrheit als „quasisphärisch" betrachten, das heißt, er ist im großen ganzen sphärisch, weicht aber in der feineren Struktur davon ab, so wie die Erde nur im großen ganzen ein Ellipsoid ist, im einzelnen jedoch eine unregelmäßig gestaltete Oberfläche besitzt.

Was unter einem „sphärischen Raum" zu verstehen ist, ist dem Leser sicherlich wohl vertraut, z. B. aus den populären Vorträgen von *Helmholtz*[1]). Er stellt bekanntlich das dreidimensionale Analogon zu einer Kugelfläche

---

[1]) Vgl. *Helmholtz*, Schriften zur Erkenntnistheorie, herausgegeben und erläutert von *P. Hertz* und *M. Schlick*, Berlin 1921, Julius Springer.

dar und besitzt gleich dieser die Eigenschaft der Geschlossenheit, d. h. er ist *unbegrenzt*, aber doch *endlich*. Die Vergleichung mit der Kugelfläche darf nicht dazu führen, „sphärisch" irgendwie in der Vorstellung mit „kugelförmig" zu verwechseln. Eine Kugel ist begrenzt durch ihre Oberfläche und wird durch diese aus dem Raume als ein Teil von ihm herausgeschnitten, der sphärische Raum aber ist nicht ein Teil eines unendlichen Raumes, sondern hat schlechthin keine Grenzen. Wenn ich von einem Punkte unserer sphärischen Welt auf einer „Geraden" immer weiter fortgehe, so komme ich niemals an eine Grenzfläche; die „kristallene Sphäre", die nach der Anschauung der Alten die Welt umschließen sollte, existiert für *Einstein* so wenig wie für *Giordano Bruno*. Außerhalb der Welt gibt es keinen Raum; Raum ist nur, insofern Materie ist, weil Raum für sich bloß ein Abstraktionsprodukt bedeutet. Ziehe ich von irgend einem Punkte aus geradeste Linien nach allen Seiten, so entfernen sich diese natürlich zunächst voneinander, nähern sich dann aber wieder, um schließlich in einem Punkte wieder zusammen zu treffen. Die Gesamtheit dieser Linien erfüllt den Weltraum vollständig und sein Volumen ist endlich; *Einsteins* Theorie erlaubt sogar, bei gegebener Verteilungsdichte seinen Zahlenwert zu berechnen; man erhält den Betrag $V = \dfrac{7 \cdot 10^{41}}{\sqrt{\varrho^3}}$ ccm — eine ganz ungeheuer große Zahl, denn ϱ, die mittlere Dichte der Materie, hat einen überaus kleinen Wert. —

Von überraschender Folgerichtigkeit, von imposanter Größe, physikalisch wie philosophisch gleich befriedigend ist der Bau des Alls, den die allgemeine Relativitätstheorie vor uns enthüllt. Überwunden sind alle Schwierigkeiten, die auf *Newton*schem Boden erwuchsen; alle Vorzüge jedoch, durch die das moderne Weltbild über die engen antiken Anschauungen sich erhob, strahlen in reinerem Glanze als zuvor. Die Welt ist durch keine Grenzen eingeengt und doch in sich harmonisch geschlossen; sie ist vor der Gefahr der Verödung gerettet, denn keine Energie und keine Materie kann aus ihr ins Unendliche abwandern, weil der Raum nicht unendlich ist. Die räumliche Unendlichkeit des Kosmos ist freilich preisgegeben, aber das bedeutet kein Opfer an Erhabenheit des Weltbildes, denn was die Idee des Unendlichen zum Träger so erhabener Gefühle macht, ist sicherlich die Vorstellung der Grenzenlosigkeit des Raumes (aktuelle Unendlichkeit wäre ja doch nicht vorstellbar), und diese Schrankenlosigkeit, die *Giordano Bruno* begeisterte, wird durch die neue Theorie nicht angetastet.

Geniales Zusammenwirken physikalischen, mathematischen und philosophischen Denkens hat es ermöglicht, mit exakten Methoden auf Fragen über das Weltall zu antworten, von denen es schien, als wenn sie immer nur Gegenstand vager Vermutungen bleiben müßten. Von neuem erkennen wir die erlösende Kraft der Relativitätstheorie, die dem menschlichen Geist eine Freiheit und ein Kraftbewußtsein schenkt, wie kaum eine andere wissenschaftliche Tat sie je zu geben vermochte.

X. Beziehungen zur Philosophie.

Es braucht kaum gesagt zu werden, daß hier von Raum und Zeit allein in jenem „objektiven" Sinne die Rede war, in dem diese Begriffe in der Naturwissenschaft auftreten. Das „subjektive", psychologische Erlebnis räumlicher und zeitlicher Ausdehnung und Ordnung ist davon etwas ganz Verschiedenes.

Für gewöhnlich hat man keine Veranlassung, sich diesen Unterschied deutlich zum Bewußtsein zu bringen; der Physiker braucht sich um die Untersuchungen des Psychologen über die Raumanschauung nicht im geringsten zu kümmern. Sobald es sich aber um die letzte erkenntnistheoretische Klärung der Naturwissenschaft handelt, wird es nötig, sich von dem Verhältnis beider volle Rechenschaft zu geben. Das ist Sache der philosophischen Besinnung, denn der Philosophie fällt anerkanntermaßen die Aufgabe zu, die letzten Voraussetzungen der Einzelwissenschaften bloßzulegen und untereinander in Einklang zu bringen.

Dadurch wird dann auch das Verhältnis der erreichten Resultate zur vorwissenschaftlichen Weltanschauung bestimmt, und auf diesem Wege erfahren die Paradoxien der Relativitätstheorie ihre Rechtfertigung. Die Paradoxien der Relativität der Zeit- und Längenmaße und der Gleichzeitigkeit, der nicht-Euklidischen Struktur des Raumes, des nichtsubstantiellen Äthers, auf den der Bewegungsbegriff nicht angewendet werden darf — alle diese Begriffsbildungen haben ja in der letzten Zeit gewaltiges Aufsehen erregt, bei minder Kundigen sogar zu einer Verdammung der *Einstein*schen Lehre geführt, bei den meisten aber ein brennendes Verlangen nach philosophischer Aufklärung, d. h. nach einer Versöhnung mit der gewohnten Weltauffassung, hervorgerufen. Die Aufgabe kann im Rahmen dieser Schrift nicht erledigt werden, es läßt sich nur der Weg zur Lösung andeuten.

Wie kommen wir überhaupt dazu, von Raum und Zeit zu sprechen? Welches ist die psychologische Quelle dieser Vorstellungen? Unzweifelhaft wurzeln alle unsere räumlichen Erfahrungen und Schlüsse in gewissen Eigenschaften unserer Sinnesempfindungen, nämlich denjenigen Eigenschaften, die wir eben als „räumliche" bezeichnen und die sich nicht weiter definieren lassen, da sie uns nur durch unmittelbares Erleben bekannt werden. So wenig ich einem Blindgeborenen durch eine Definition erklären kann, was ich erlebe, wenn ich eine grüne Fläche sehe, so wenig läßt sich beschreiben, was gemeint ist, wenn ich dem gesehenen Grün eine bestimmte Ausdehnung und einen bestimmten Ort im Gesichtsfelde zuschreibe. Um zu wissen, was es bedeutet, muß man es eben *schauen* können, man muß Gesichtswahrnehmungen oder -vorstellungen besitzen. Diese Räumlichkeit, die mit den optischen Wahrnehmungen als deren Eigenschaft gegeben ist, ist also eine *anschauliche*. Und wir bezeichnen dann als „anschaulich" im weiteren Sinne auch alle übrigen Daten unseres Wahrnehmungs- und Vorstellungslebens, nicht bloß die optischen. Auch den Wahrnehmungen der andern Sinne, vornehmlich aber den Tastempfindungen und kinästhetischen (Muskel- und Gelenk-)Empfindungen kommen Eigenschaften zu, die wir gleichfalls *räumlich* nennen; die Raumanschauung des Blinden baut sich sogar ganz allein aus dergleichen Daten auf. Eine Kugel fühlt sich beim Betasten anders an als ein Würfel; ich erlebe verschiedene Muskelempfindungen im Arme, je nachdem ich mit der Hand eine lange oder kurze, eine sanft gebogene oder eine zackige Linie beschreibe: diese Unterschiede machen die „Räumlichkeit" der Tast- und

Muskelempfindungen aus; sie sind es, die der Blindgeborene sich vorstellt, wenn von verschiedenen Orten oder Ausdehnungen die Rede ist.

Nun sind aber die Daten verschiedener Sinnesgebiete untereinander ganz unvergleichbar, die Räumlichkeit der taktilen Empfindungen z. B. ist etwas toto genere Verschiedenes von der Räumlichkeit der optischen; wer, wie der Blinde, nur die erstere kennt, kann sich auf Grund ihrer keinerlei Vorstellung von der letzteren machen. Der Tastraum hat also nicht die geringste Ähnlichkeit mit dem Gesichtsraum, und der Psychologe muß sagen: es gibt so viele anschauliche Räume als wir verschiedene Sinne besitzen.

Der Raum des Physikers dagegen, den wir als den objektiven jenen subjektiven Räumen gegenüberstellen, ist nur *einer* und wird von unseren Sinneswahrnehmungen unabhängig gedacht (aber natürlich nicht unabhängig von den physischen Objekten; vielmehr kommt ihm ja Wirklichkeit nur in Gemeinschaft mit ihnen zu). Er ist nicht etwa identisch mit irgendeinem jener anschaulichen Räume, denn er hat ganz andere Eigenschaften als sie. Betrachten wir z. B. einen starren Würfel, so wechselt dessen Form für den Gesichtssinn, je nachdem von welcher Seite und aus welcher Entfernung ich ihn betrachte; die optische Länge seiner Kanten ist verschieden; und doch schreiben wir ihm dieselbe konstante objektive Gestalt zu. Ähnliches gilt für die Beurteilung des Würfels durch den Tastsinn; auch dieser gibt mir ganz verschiedene Eindrücke, je nachdem die Berührung des Würfels in größerer oder geringerer Ausdehnung oder durch verschiedene Hautstellen geschieht: seine kubische Gestalt erkläre ich dessen ungeachtet für ungeändert. Die physischen Objekte sind mithin überhaupt *un*anschaulich, der physische Raum ist nicht irgendwie mit den Wahrnehmungen gegeben, sondern eine *begriffliche Konstruktion*. Den physischen Objekten darf man daher nicht die anschauliche Räumlichkeit zuschreiben, die wir von den Gesichtsempfindungen her kennen, oder die, welche wir an den Tastwahrnehmungen vorfinden, sondern nur eine unanschauliche Ordnung, die wir dann den objektiven Raum nennen und durch eine Mannigfaltigkeit von Zahlen (Koordinaten) begrifflich fassen. Es verhält sich also mit der anschaulichen Räumlichkeit ganz wie mit den sinnlichen Qualitäten, den Farben, Tönen usw.: die Physik arbeitet nicht mit der Farbe als Eigenschaft ihrer Objekte, sondern statt dessen nur mit Frequenzen von Lichtschwingungen, nicht mit Wärmequalitäten, sondern kinetischer Energie der Moleküle usf.

Ähnliche Betrachtungen lassen sich in bezug auf die subjektive, psychologische Zeit anstellen. Zwar hat nicht etwa jedes Sinnesgebiet seine besondere psychologische Zeit, sondern es ist eine und dieselbe Zeitlichkeit, die allen Erlebnissen — nicht bloß den sinnlichen — in gleicher Weise anhaftet; aber dieses unmittelbare Erlebnis der Dauer, des Früher und Später ist doch ein wechselndes anschauliches Moment, das uns denselben objektiven Vorgang je nach Stimmung und Aufmerksamkeit bald lang, bald kurz erscheinen läßt, im Schlafe ganz verschwindet und je nach der Fülle des Erlebten ganz verschiedenen Charakter trägt: kurz, es ist wohl zu unterscheiden von der physikalischen Zeit, die nur eine Ordnung mit den Eigenschaften eines eindimensionalen Kontinuums bedeutet. Diese objektive Ordnung hat mit dem anschaulichen Erlebnis der Dauer ebensowenig zu tun wie die dreidimensionale Ordnung des objektiven Raumes mit den anschaulichen Erlebnissen der optischen oder haptischen Ausdehnung.

Man kann in dieser Einsicht den richtigen Kern der *Kant*ischen Lehre von der „Subjektivität der Zeit und des Raumes" erblicken, nach welcher bekanntlich beide nur „Formen" unserer Anschauung sind und nicht den „Dingen an sich" zugeschrieben werden dürfen. Bei *Kant* freilich kommt jene Wahrheit nur sehr undeutlich zum Ausdruck, denn er spricht immer nur von „dem" Raume, ohne die anschaulichen Räume der verschiedenen Sinne voneinander und vom Raum der physischen Körper zu sondern; statt dessen stellt er nur dem Raum und der Zeit der Sinnendinge die unerkennbare Ordnung der „Dinge an sich" gegenüber. Der Raum der sinnlichen Gegenstände ist für *Kant* mit dem geometrisch-physikalischen Raum identisch; *Kant* betrachtet ihn als etwas Anschauliches, das aber als „reine" Anschauung der „empirischen" der einzelnen Sinne gegenüberstehe: es soll also weder der Raum des Gesichts-, noch des Tast-, noch des Bewegungssinnes allein, und doch in gewisser Hinsicht alles dies zugleich sein. Im Gegensatz zu dieser *Kant*ischen Konstruktion finden wir nur Veranlassung, die anschaulichen psychologischen Räume und den unanschaulichen physikalischen voneinander zu scheiden. Da der letztere eben unanschaulich ist, so kann auch — entgegen der *Kant*ischen Philosophie — die Anschauung uns nichts darüber lehren, ob er etwa als Euklidisch zu bezeichnen ist oder nicht. Er wird zusammen mit der objektiven Zeit durch jenes vierdimensionale Ordnungsschema bezeichnet, von dem wir bisher immer zu sprechen hatten, und das bei der mathematischen Bearbeitung einfach als die Mannigfaltigkeit aller Zahlenquadrupel x_1, x_2, x_3, x_4 behandelt werden kann.

Es versteht sich von selbst, daß uns ursprünglich nur die anschaulichen psychologischen Räume und Zeiten gegeben sind, und wir müssen fragen, wie man von ihnen aus zur Konstruktion jener objektiven Raum-Zeitmannigfaltigkeit gelangt. Diese Konstruktion ist nicht etwa erst ein Werk der Naturwissenschaft, sondern schon ein Erfordernis des täglichen Lebens, denn wenn wir für gewöhnlich von Ort und Gestalt der Körper reden, so denken wir dabei stets schon an den physischen Raum, der von den Individuen und Sinnesorganen unabhängig gedacht wird. Natürlich repräsentieren wir uns Gestalten und Entfernungen, über die wir nachdenken, in unserm Bewußtsein stets durch Gesichts-, Tast- oder kinästhetische Vorstellungen, weil wir unanschauliche begriffliche Verhältnisse im Denken nach Möglichkeit immer durch anschauliche Repräsentanten darstellen, aber es handelt sich eben durchaus um sinnliche *Repräsentanten* des physischen Raumbegriffes; man darf jene nicht mit diesem verwechseln und auch ihn für anschaulich halten: ein Fehler, der, wie wir sahen, selbst von *Kant* begangen wurde.

Die Antwort auf die Frage nach der Entstehung des physischen Raumbegriffes aus den anschaulichen Daten der psychologischen Räume liegt nun auf der Hand. Jene Räume sind nämlich zwar untereinander vollkommen unähnlich und unvergleichbar, aber sie sind erfahrungsgemäß einander in ganz bestimmter Weise eindeutig zugeordnet. Unsere Tasterlebnisse z. B. sind von unsern optischen Erfahrungen nicht völlig unabhängig; sondern es findet zwischen beiden Sphären eine gewisse Entsprechung statt; und diese Korrespondenz findet ihren Ausdruck darin, daß alle räumlichen Erlebnisse in dasselbe Schema eingeordnet werden können, und dies ist dann eben der objektive Raum. Ist etwa beim Betasten eines Gegenstandes meinem Hautsinn ein Empfindungskomplex der ,,Würfelgestalt" gegeben, so kann ich durch geeignete Maßnahmen (Anzünden von Licht, Öffnen der Augen usw.) stets auch meinem Gesichtssinne gewisse optische Empfindungskomplexe verschaffen, die ich gleichfalls als eine ,,Würfelgestalt" bezeichne. Der optische Eindruck ist dabei von dem haptischen toto coelo verschieden; aber die Erfahrung lehrt mich, daß beide Hand in Hand gehen. Bei Blindgeborenen, die durch Operation das Augenlicht erlangen, hat man Gelegenheit, die allmähliche Ausbildung der Assoziationen zwischen den Daten beider Sinnesgebiete zu studieren.

Es ist nun wichtig, sich klarzumachen, welche besonderen Erfahrungen dazu führen, ein ganz bestimmtes Element des optischen Raumes einem ganz bestimmten Element des haptischen zuzuordnen und dadurch den Begriff des ,,Punktes" im objektiven Raume zu bilden. Es sind nämlich Erfahrungen über Koinzidenzen, die hier in Betracht kommen. Um einen Punkt im Raume festzulegen, muß man irgendwie direkt oder indirekt auf ihn *hinzeigen*, man muß eine Zirkelspitze oder den Finger oder ein Fadenkreuz mit ihm zur Deckung bringen, d. h. man stellt eine raum-zeitliche Koinzidenz zweier sonst getrennter Elemente her. Und nun stellt sich heraus, daß diese Koinzidenzen für alle anschaulichen Räume der verschiedenen Sinne und Individuen stets übereinstimmend auftreten: eben deshalb wird durch sie ein objektiver, d. h. von den Einzelerlebnissen unabhängiger, für sie alle gültiger „Punkt" definiert. Ein geöffneter Zirkel ruft bei Applikation auf die Haut im allgemeinen zwei Stichempfindungen hervor; führe ich aber seine beiden Spitzen zusammen, so daß sie für den Gesichtssinn, im optischen Raume, denselben Ort einnehmen, so erhalte ich nunmehr auch nur *eine* Stichempfindung, d. h. es besteht auch im Tastraum Koinzidenz. Bei näherer Überlegung findet man leicht, daß wir zur Konstruktion des physischen Raumes und der Zeit ausschließlich durch diese Methode der Koinzidenzen und auf keinem andern Wege gelangen. Die Raum-Zeit-Mannigfaltigkeit ist eben nichts anderes als der Inbegriff der durch diese Methode definierten objektiven Elemente. Daß es gerade eine vierdimensionale Mannigfaltigkeit ist, ergibt die Erfahrung bei der Durchführung der Methode selbst.

Dies ist das Resultat der psychologisch-erkenntniskritischen Analyse des Raum- und Zeitbegriffs, und wir sehen: wir stoßen gerade auf *die* Bedeutung von Raum und Zeit, welche *Einstein* als für die Physik allein wesentlich erkannt und dort zur rechten Geltung gebracht hat. Denn er verwarf die *Newton*schen Begriffe, die den geschilderten Ursprung verleugneten, und begründete die Physik statt dessen auf den Begriff der Koinzidenz von Ereignissen. Die Paradoxien der Relativitätslehre erscheinen nunmehr gerechtfertigt und geklärt. Der Begriff der Gleichzeitigkeit *am gleichen Ort*, von dessen Inhalt jeder ein unmittelbares Bewußtsein hat, bleibt nicht nur unangetastet, sondern wird zur Grundlage aller physikalischen Theorie, er geht als etwas „Absolutes" in sie ein. Die Theorie braucht nur noch darauf hinzuweisen, daß es ein unmittelbares Erlebnis der „Gleichzeitigkeit an verschiedenen Orten" überhaupt nicht gibt, und darf dann über diesen Begriff verfügen, wie das System der Physik es erfordert. Die Relativierung der Strecken- und Zeitmaße, die ja zwangsläufig mit der Gleichzeitigkeit zusammenhängen, ist dann nicht mehr problematisch.

Was ferner die nicht-Euklidische Struktur des Raumes angeht, so wurde nach der hier entwickelten Auffassung der Raum in der früheren Physik (der alltäglichen wie der wissenschaftlichen) nur deshalb als Euklidisch angesehen, weil die Erfahrung lehrt, daß innerhalb der gewöhnlichen Meßgenauigkeit das Verhalten der Körper im Raum sich in der Tat am einfachsten mit Hilfe der Euklidischen Geometrie beschreiben läßt. Sobald dies bei feineren Beobachtungen (wie denjenigen bei der Sonnenfinsternis von 1919) nicht mehr zutrifft, sind wir zur Verwendung nicht-Euklidischer Maßbestimmungen berechtigt und genötigt, und keine „apriorische Form der Anschauung" hindert uns daran. —

Demgegenüber hat man freilich auf verschiedene Art versucht, die *Kant*ische Raumlehre aufrecht zu erhalten. *Erstens* hat man gemeint, wenn auch das physikalische Kontinuum nicht-Euklidisch sei, so bleibe dessenungeachtet doch unser *anschaulicher* Raum zwangsweise Euklidisch. Hier haben wir den in der Philosophie nicht ungewöhnlichen Ausweg, zwei entgegenstehende Behauptungen zu vereinigen: man konstruiert zwei Reiche und läßt die eine Behauptung in dem einen, die andre in dem andern Reich gelten. Das eine dieser Reiche ist aber hier der *eine* anschauliche Raum *Kants*, den wir schon oben verwerfen mußten; die verschiedenen Räume der einzelnen Sinnesgebiete aber sind, wie sich leicht zeigen läßt, von vornherein überhaupt nicht Euklidisch. — *Zweitens* hat man den Grundgedanken der *Kant*ischen Lehre dadurch zu retten versucht, das man sagte: Wenn auch die Euklidischen Axiome zur Konstruktion des Raumes sich als ungeeignet erwiesen haben, so müssen doch irgendwelche andern bestimmten allgemeinen Sätze bei jeder Raumkonstruktion zugrunde gelegt werden; man kommt nicht ohne sie aus und muß sie als a priori gegeben anerkennen. Da es aber nicht geglückt ist, solche angeblich notwendigen, von jeder Erfahrung unabhängigen Axiome einwandfrei anzugeben, so muß auch dieser Versuch als gescheitert betrachtet werden. Der Apriorismus versucht vergeblich, die Relativitätstheorie oder ihre Ergebnisse für sich in Anspruch zu nehmen; dagegen erfahren sie vom Standpunkt der empiristischen Philosophie sofort eine ungezwungene Deutung.

Dies zeigt sich auch hinsichtlich des Begriffes der *Substanz*. Die neue physikalische Theorie lehrt uns die elektromagnetischen und Gravitationsfelder als etwas Selbständiges auffassen, und damit wird der Begriff der Substanz als eines beharrenden „Trägers" der Eigenschaften in der Naturwissenschaft entbehrlich, nachdem ihn der Empirismus eines *Hume* in der Philosophie schon lange aufgelöst hatte. So reichen sich hier physikalische Theorie und Erkenntniskritik zu einem schönen Bündnis die Hände.

In einem Punkte freilich geht die naturwissenschaftliche Theorie doch weit hinaus über den Kreis, in dem die Betrachtung der psychologischen Daten sich bewegen muß, von der wir ausgegangen waren. Die Physik nämlich führt als letzten undefinierbaren Begriff das Zusammenfallen zweier *Ereignisse* ein; die psychogenetische Analyse der Idee des objektiven Raumes aber endigt bei dem Begriff der zeiträumlichen Koinzidenz zweier *Empfindungselemente*. Ist beides schlechthin dasselbe?

Der strenge Positivismus eines *Mach* behauptet es. Nach ihm sind die unmittelbar erlebten Elemente, Farben, Töne, Drücke, Wärmen usw. das allein Reale, es gibt keine andern Ereignisse als das Kommen und Gehen dieser Elemente. Wo die Physik dennoch von andern Koinzidenzen redet, da handelt es sich nach *Mach* nur um abkürzende Sprechweisen, um ökonomische Hilfsbegriffe, nicht um Wirklichkeiten in demselben Sinne wie die Empfindungen Wirklichkeiten sind. Für diese Ansicht wäre der Begriff der physischen Welt in ihrer objektiven vierdimensionalen Ordnung tatsächlich nur ein abkürzender Ausdruck für die oben beschriebene Korrespondenz der subjektiven raumzeitlichen Erfahrungen verschiedener Sinnesgebiete, und *weiter nichts*.

Aber diese Auffassung ist nicht die einzig mögliche Interpretation des wissenschaftlichen Tatbestandes. Wenn hervorragende Forscher auf exaktem Gebiete immer wieder erklären, daß das streng positivistische Weltbild sie nicht befriedigt, so liegt der Grund dafür unzweifelhaft darin, daß alle in den physikalischen Gesetzen auftretenden Größen nicht „Elemente" im *Mach*schen Sinne bezeichnen; die Koinzidenzen, welche durch die Differentialgleichungen der Physik ausgedrückt werden, sind nicht unmittelbar erlebbar, sie bedeuten nicht direkt ein Zusammenfallen von Sinnesdaten, sondern zunächst von unanschaulichen Größen, wie elektrischen und magnetischen Feldstärken und dergleichen. Nun zwingt nichts zu der Behauptung, daß nur die anschaulichen Elemente der Farben, Töne usw. in der Welt existieren; man kann ebensogut annehmen, daß außer ihnen auch nicht direkt erlebte Elemente oder Qualitäten da sind, die gleichfalls als „wirklich" zu bezeichnen wären, mögen sie nun mit jenen anschaulichen vergleichbar sein oder nicht. Elektrische Kräfte z. B. könnten dann ebensogut Wirklichkeitselemente bedeuten wie Farben und Töne. *Meßbar* sind sie ja, und es ist nicht einzusehen, warum die Erkenntnistheorie das Wirklichkeitskriterium der Physik (siehe oben S. 26) verwerfen sollte. Dann würde auch der Begriff eines Elektrons oder Atoms nicht notwendig ein bloßer Hilfsbegriff sein, eine ökonomische Fiktion, sondern könnte ebensowohl einen realen Zusammenhang oder Komplex solcher objektiven Elemente bezeichnen, wie etwa der Begriff des „Ich" einen realen Komplex anschaulicher Elemente bedeutet, dessen eigentümlicher Zusammenhang in der sog. „Einheit des Bewußtseins" besteht. Das Weltbild der Physik wäre ein in ein vierdimensionales Schema geordnetes Zeichensystem, durch das wir die Realität erkennen: also *mehr* als eine bloße Hilfskonstruktion, um uns zwischen den gegebenen anschaulichen Elementen zurechtzufinden.

Diese beiden Anschauungen stehen sich gegenüber, und ich glaube, daß es einen strengen Beweis für die Richtigkeit der einen und der Falschheit der andern nicht gibt. Wenn ich mich persönlich zu der zweiten bekenne, die man der streng positivistischen gegenüber als eine mehr realistische bezeichnen wird, so bestimmen mich dazu folgende Gründe.

Erstens scheint es mir eine willkürliche, ja dogmatische Festsetzung zu sein, wenn man nur die anschaulichen Elemente und ihre Beziehungen als *real* gelten lassen will. Warum sollen die anschaulichen Erlebnisse die einzigen „Ereignisse" der Welt sein, warum soll es außer ihnen nicht noch andere Ereignisse geben? Diese Einengung des Wirklichkeitsbegriffes auf das unmittelbar Gegebene ist durch das Verfahren der Wissenschaften nicht gerechtfertigt. Sie erklärt sich aus der Opposition gegen gewisse fehlerhafte metaphysische Anschauungen, aber diese kann man auch auf andern Wegen vermeiden.

Zweitens erscheint mir das streng positivistische Weltbild infolge einer gewissen Lückenhaftigkeit unbefriedigend: jene Einengung des Realitätsbegriffes reißt gleichsam Löcher in die Wirklichkeit, die durch bloße Hilfsbegriffe ausgefüllt sind. Der Bleistift in meiner Hand soll real sein, die Moleküle aber, die ihn aufbauen, bloße Fiktionen. Dieser oft unscharfe und schwankende Gegensatz zwischen Begriffen, die Reales bezeichnen, und solchen, die nur Hilfskonstruktionen sind, ist auf die Dauer unerträglich, und wir vermeiden ihn durch die gewiß erlaubte Annahme, daß jeder für die Naturbeschreibung tatsächlich brauchbare Begriff auch in gleicher Weise als Zeichen für etwas Wirkliches betrachtet werden darf. Ich glaube, daß man beim Streben nach letzter erkenntnistheoretischer Klarheit diese Annahme niemals aufzugeben braucht, und daß sie eine wohlgerundete, geschlossene Weltansicht ermöglicht, die auch den Denkforderungen des „Realisten" genügt, ohne doch irgendeinen der Vorteile aufzugeben, die man der positivistischen Weltansicht mit Recht nachrühmt.

Zu diesen Vorteilen gehört vor allem, daß das Verhältnis der einzelnen Theorien zueinander richtig erkannt und gewertet wird. Wir mußten uns im Laufe der Darstellung mehrmals klarmachen, daß in vielen Fällen keine Möglichkeit und keine Nötigung besteht, unter mehreren verschiedenen Anschauungen eine bestimmte vor den andern als die allein *wahre* auszuzeichnen. Es läßt sich niemals beweisen, daß allein *Kopernikus* recht, *Ptolemäus* dagegen unrecht hat; es gibt keinen logischen Zwang, die Relativitätstheorie als die einzig richtige der Absoluttheorie gegenüberzustellen oder die Euklidischen Maßbestimmungen für schlechthin falsch oder schlechthin richtig zu erklären — sondern es läßt sich immer nur zeigen, daß bei diesen Alternativen die eine Anschauung einfacher ist als die andere, zu einem geschlosseneren, befriedigenderen Weltbild führt.

Jede Theorie besteht aus einem Gefüge von Begriffen und Urteilen, und sie ist *richtig* oder *wahr*, wenn das System der Urteile die Welt der Tatsachen *eindeutig* bezeichnet. Besteht nämlich eine solche eindeutige Zuordnung zwischen den Begriffen und der Wirklichkeit, so kann man mit Hilfe des Urteilsgefüges der Theorie den Verlauf der Naturerscheinungen ableiten, also z. B. künftige Ereignisse voraussagen; und das Eintreffen solcher Vorhersagungen, die Übereinstimmung zwischen Berechnung und Beobachtung, ist bekanntlich der einzige Prüfstein für die Wahrheit einer Theorie. Nun ist es aber möglich, *dieselben* Tatbestände durch *verschiedene* Urteilssysteme zu bezeichnen, es kann folglich verschiedene Theorien geben, für die das Kriterium der

Wahrheit in gleicher Weise zutrifft, die also alle in gleichem Maße den Beobachtungen gerecht werden und zu denselben Voraussagungen führen. Es sind eben verschiedene Zeichensysteme, die der gleichen objektiven Realität zugeordnet sind, verschiedene Ausdrucksweisen, die den gleichen Tatbestand wieder geben. Unter allen möglichen Anschauungen, die solchergestalt den gleichen Wahrheitskern enthalten, muß nun eine die einfachste sein, und daß wir stets gerade dieser den Vorzug einräumen, beruht nicht bloß auf einer praktischen Ökonomie, einer Art geistiger Bequemlichkeit (wie man wohl gemeint hat), sondern es hat einen logischen Grund darin, daß die einfachste Theorie ein Minimum von *willkürlichen* Momenten enthält. Die komplizierteren Anschauungen enthalten nämlich notwendig überflüssige Begriffe, über die ich nach Belieben verfügen kann, die folglich nicht durch die betrachteten Tatsachen bestimmt sind, und von denen ich daher mit Recht sagen darf, daß ihnen für sich allein etwas Wirkliches nicht entspricht. Bei der einfachsten Theorie dagegen ist die Rolle jedes einzelnen Begriffs durch die Tatsachen gefordert, sie bildet ein Zeichensystem ohne entbehrliche Zutaten. Z. B. die *Lorentz*sche Äthertheorie (s. oben S. 3) erklärt ein Koordinatensystem als vor allen andern ausgezeichnet, hat aber im Prinzip kein Mittel, dieses System jemals wirklich anzugeben; sie schleppt also den Begriff der absoluten Bewegung mit, während doch derjenige der relativen zu einer eindeutigen Bezeichnung der Tatsachen ausreicht.

Zu solchen überflüssigen Momenten gehören nun auch — dies haben wir als Fazit der allgemeinen Relativitätstheorie erkannt — die Begriffe von Raum und

Zeit in der Form, in der sie bisher in der Physik auftraten. Auch sie finden keine Anwendung für sich allein, sondern nur insofern, als sie in den Begriff der raumzeitlichen Koinzidenz von Ereignissen eingehen. Wir dürfen also wiederholen, daß sie nur in dieser Vereinigung, nicht schon allein für sich etwas Wirkliches bezeichnen.

Man hat die Frage aufgeworfen, ob nicht in der *einfachsten* Theorie, welche tatsächlich nur das Erfahrbare, Konstatierbare ohne willkürliche Zutat beschreibt, auch zugleich jedes *willkürliche* Moment ausgeschaltet sei, und man könnte glauben, daß dies in der allgemeinen Relativitätstheorie der Fall sei, denn sie stellt doch wirklich dasjenige heraus, was gänzlich unabhängig von der Koordinatenwahl gilt und gibt nur Gesetze zwischen raum-zeitlichen Koinzidenzen an, also zwischen schlechthin Beobachtbarem, das vor aller Interpretation feststeht.

Aber auch die einfachste Theorie, welche keinen einzigen überzähligen Begriff enthält, ist nicht frei von Willkürlichem. Die Bezeichnung der Tatsachen durch Urteile setzt, wie jede Zuordnung, irgendwelche willkürlichen Festsetzungen voraus; eine *Messung* z. B. wird erst durch solche möglich. Die für das *Einstein*sche Weltbild grundlegende Konvention ist die (freilich höchst natürliche), daß im Kleinen die spezielle Relativitätstheorie mit ihren Euklidischen Maßbestimmungen gelten soll. So bleibt der *Poincaré*sche Satz wahr, daß wir ohne jede Konvention nicht zur Aufstellung von Naturgesetzen gelangen.

Wir erkennen die ungeheure theoretische Tragweite der neuen Anschauungen: *Einsteins* Analyse des Raum- und Zeitbegriffs gehört derselben philosophischen Entwicklungsreihe an wie *David Humes* Kritik der Substanz- und Kausalitätsvorstellung. Wie diese Entwicklung weiterführen wird, läßt sich noch nicht sagen. Die in ihr herrschende Methode aber ist die einzig fruchtbare der Erkenntnistheorie: eine strenge Kritik der wissenschaftlichen Grundbegriffe, die alles Überflüssige von ihnen abstreift und ihren echten, endgültigen Gehalt immer deutlicher ans Licht stellt.

Literatur.

Als eine kurze, leichtfaßliche Darstellung des in diesem Büchlein behandelten Gebiets muß in erster Linie empfohlen werden die schöne Schrift von *Einstein:* ,,Über die spezielle und die allgemeine Relativitätstheorie. Gemeinverständlich''. 11. Aufl., Braunschweig 1921. Eine verständnisinnige und gleichfalls auf den Gebrauch höherer Mathematik verzichtende Schilderung der speziellen Theorie gibt die ,,Einführung in die Relativitätstheorie'' von *W. Bloch* (Aus Natur und Geisteswelt, Bd. 618) 2. Aufl. 1920. Einen trefflichen, klaren Aufbau von unten herauf liefert *Max Born:* ,,Die Relativitätstheorie Einsteins und ihre physikalischen Grundlagen, elementar dargestellt''. 2. Aufl. Berlin 1921, Julius Springer. Sehr gut gelungene Schriften, die überhaupt von jeder Benutzung mathematischer Hilfsmittel absehen, sind ,,Die Idee der Relativitätstheorie'' von *H. Thirring*, Berlin 1921, Julius Springer und ,,Was kann man ohne Mathematik von der Relativitätstheorie verstehen?'' von *P. Kirchberger*, 3. Aufl., Karlsruhe 1922.

Zum eindringenden Studium muß man natürlich die Originalabhandlungen und Lehrbücher lesen. Das Lehrbuch von *W. Pauli* (,,Relativitätstheorie'', Leipzig und Berlin 1921) behandelt alles in der Theorie geleistete mit großer Vollständigkeit, doch wundervoller Kürze und Geschlossenheit. Das Buch von *H. Weyl:* ,,Raum, Zeit, Materie'', 4. Aufl., Berlin 1921, Julius Springer, ist mit hoher mathematischer Eleganz geschrieben und von wahrhaft philosophischem Geiste durchweht. In mathematischer und physikalischer Hinsicht vortrefflich ist das ausgezeichnete Werk von *M. v. Laue:* ,,Die Relativitätstheorie'', 1. Bd., 4. Aufl., 2. Bd. Braunschweig 1921. Zur Einführung ist wegen seiner Beschränkung auf das Wesentlichste und wegen der Klarheit der mathematischen Darstellung wohl am besten geeignet das Buch von *A. Kopf:* ,,Grundzüge der Einsteinschen Relativitätstheorie'', Leipzig 1921.

Verlag von Julius Springer in Berlin W 9

Allgemeine Erkenntnislehre. Von **Moritz Schlick** in Rostock. („Naturwissenschaftliche Monographien und Lehrbücher", herausgegeben von der Schriftleitung der „Naturwissenschaften" Band I.) 1918.
Preis M. 18.—; gebunden M. 20.40
Vorzugspreis für die Bezieher der „Naturwissenschaften"
M. 14.40; gebunden M. 16.80

Raum — Zeit — Materie. Vorlesungen über allgemeine Relativitätstheorie. Von **Hermann Weyl.** Vierte, erweiterte Auflage. Mit 15 Textfiguren. 1921. Preis M. 48.—

Raum und Zeit im Lichte der speziellen Relativitätstheorie. Versuch eines synthetischen Aufbaus der speziellen Relativitätstheorie. Von Dr. **Clemens von Horvath,** Privatdozent für Physik an der Universität Kasan. Mit 8 Textabbildungen und einem Bildnis. 1921. Preis M. 12.—

Das Raum-Zeit-Problem bei Kant und Einstein. Von Dr. **Ilse Schneider.** 1921. Preis M. 12.—

Die Grundlagen der Einsteinschen Gravitationstheorie. Von **Erwin Freundlich.** Mit einem Vorwort von Albert Einstein. Vierte, erweiterte und verbesserte Auflage. 1920. Preis M. 10.—

Die Relativitätstheorie Einsteins und ihre physikalischen Grundlagen. Elementar dargestellt von **Max Born.** Dritte, verbesserte Auflage. Mit 135 Textabbildungen. („Naturwissenschaftliche Monographien und Lehrbücher", herausgegeben von der Schriftleitung der „Naturwissenschaften", Band III.) Erscheint Anfang Sommer 1922

Relativitätstheorie und Erkenntnis a priori. Von **Hans Reichenbach.** 1920. Preis M. 14.—

Die Idee der Relativitätstheorie. Von Dr. **H. Thirring,** a. o. Professor der theoretischen Physik an der Universität Wien. Mit 7 Textabbildungen. 1921. Preis M. 24.—

Hierzu Teuerungszuschläge.

Verlag von Julius Springer in Berlin W 9

Geometrie und Erfahrung. Erweiterte Fassung des Festvortrages, gehalten an der PreußischenAkademie der Wissenschaften zu Berlin am 27. Januar 1921. Von **Albert Einstein.** Mit 2 Textabbildungen. 1921. Preis M. 6.80

Äther und Relativitätstheorie. Rede, gehalten an der Reichs-Universität zu Leiden. Von **Albert Einstein.** 1920.
Preis M. 2.80

Das Weltgebäude im Lichte der neueren Forschung. Von Dr. **W. Nernst,** o. ö. Professor an der Universität Berlin. 1921. Preis M. 12.—

Der Aufbau der Materie. Drei Aufsätze über moderne Atomistik und Elektronentheorie. Von **Max Born.** Zweite, verbesserte Auflage. Mit 37 Textabbildungen. 1922.
Preis M. 36.—

Fluoreszenz und Phosphoreszenz im Lichte der neueren Atomtheorie. Von **Peter Pringsheim.** Mit 32 Textfiguren. 1921. Preis M. 48.—

Die Quantentheorie, ihr Ursprung und ihre Entwicklung. Von **Fritz Reiche.** Mit 15 Textfiguren. 1921.
Preis M. 34.—

Valenzkräfte und Röntgenspektren. Zwei Aufsätze über das Elektronengebäude des Atoms. Von Dr. **W. Kossel,** o. Professor an der Universität Kiel. Mit 11 Abbildungen. 1921.
Preis M. 12.—

Das Wesen des Lichts. Vortrag, gehalten in der Hauptversammlung der Kaiser Wilhelm-Gesellschaft am 28. Oktober 1919. Von Dr. **Max Planck,** Professor der theoretischen Physik an der Universität Berlin. Zweite, unveränderte Auflage. 1920. Preis **M.** 3.60

Hierzu Teuerungszuschläge

MIX
Papier aus verantwortungsvollen Quellen
Paper from responsible sources
FSC® C105338

If you have any concerns about our products,
you can contact us on
ProductSafety@springernature.com

In case Publisher is established outside the EU,
the EU authorized representative is:
**Springer Nature Customer Service Center GmbH
Europaplatz 3, 69115 Heidelberg, Germany**

Printed by Libri Plureos GmbH
in Hamburg, Germany